PETITES HISTOIRES DES MATHÉMATIQUES

Jean-Pierre Escofier

PETITES HISTOIRES DES MATHÉMATIQUES

DUNOD POCHE

Illustration de couverture : © Tofdru

Illustrations de l'intérieur : Rachid Maraï

NOUS NOUS ENGAGEONS EN FAVEUR DE L'ENVIRONNEMENT :

PAPIER CERTIFIÉ

Nos livres sont imprimés sur des papiers certifiés pour réduire notre impact sur l'environnement.

Le format de nos ouvrages est pensé afin d'optimiser l'utilisation du papier.

Depuis plus de 30 ans, nous imprimons 70 % de nos livres en France et 25 % en Europe et nous mettons tout en œuvre pour augmenter cet engagement auprès des imprimeurs français.

Nous limitons l'utilisation du plastique sur nos ouvrages (film sur les couvertures et les livres).

11 rue Paul Bert, 92240 Malakoff

www.dunod.com

978-2-10-086703-5

Préambule

Voici une petite histoire des mathématiques écrite, du moins je l'espère, pour le plaisir de ceux et celles qui vont la lire, qu'ils ou elles les enseignent (en collège, en lycée...), les étudient ou désirent simplement en connaître un peu plus à leur sujet. Les mathématiques forment un monde un peu à part ; donner une idée de leurs résultats avec des mots simples et des images plus ou moins suggestives est plus difficile que pour d'autres sciences et il faut du temps ; un détour par leur histoire vaut parfois le voyage.

Les mathématiques se sont construites comme science bien avant toutes les autres, des millénaires contre quelques centaines d'années. Leurs résultats, même les plus anciens (ceux sur les nombres entiers ou les figures de la géométrie), sont toujours valables et, une fois établis par un cerveau, tout le monde peut les comprendre et les utiliser. Depuis toujours, elles s'occupent d'applications concrètes, elles étudient et généralisent les questions qui leur sont posées par la *Nature*, depuis toujours, elles approfondissent les questions internes qu'elles se découvrent ; depuis toujours, les réflexions les plus profondes et les moins susceptibles apparemment d'applications se révèlent porteuses de développements scientifiques féconds et permettent de mieux connaître notre monde. Les mathématicien(ne)s éprouvent un plaisir immense à leurs recherches, à jouir fortement de leurs découvertes et c'est le plus souvent pour l'éprouver qu'ils(elles) consacrent tant de temps aux mathématiques, pour arriver, au terme d'une concentration extrême, d'heures, de jours, de mois..., aux résultats importants qu'ils(elles) désirent. Ce plaisir est souvent difficile à imaginer pour qui n'est pas de leur monde, mais il n'est pas vraiment différent du plaisir de tous ceux et de toutes celles qui ont la chance de faire ce qui les intéresse et de pouvoir découvrir, construire, comprendre ou inventer des choses nouvelles. *Procreare jucundum*, *Créer est un plaisir*, disait Gauss, qui ... *peut durer pendant plusieurs heures, voire plusieurs jours*, ajoutait Weil.

Depuis les années 1950-1960 (voir p. 277), les femmes ont commencé à participer aux mathématiques d'aujourd'hui[1]. Mais elles sont toujours bien moins nombreuses que les hommes, pour différentes raisons. Il ne faut pas oublier que leur possibilité d'accéder aux études scientifiques date tout au plus d'une centaine d'années.

Parler de l'histoire des mathématiques, c'est parler des mathématiques, mais j'aime bien donner des éléments d'ordre biographique, des anecdotes, etc. J'aurais aimé rester au niveau des connaissances mathématiques des collèges et des lycées pour que ce livre soit accessible au plus grand nombre, mais il m'aurait été difficile de donner une idée de ce que sont les mathématiques aujourd'hui. J'ai donc donné plus d'informations pour les années précédant 1650 où les techniques sont relativement simples, et des coups de projecteurs sur l'immense activité des siècles suivants en tentant de donner une légère idée de quelques résultats et en ayant des regrets très forts de n'avoir pas parlé de centaines de mathématiciens, de centaines de sujets, mais le volume de cette histoire ne pouvait être encore augmenté. Si un passage vous rebute, sautez-le ; j'espère cependant que vous y percevrez comme une musique mystérieuse…

Mon intérêt très ancien pour l'histoire des mathématiques s'est appuyé sur les travaux extrêmement nombreux et variés entrepris depuis la fin des années 1970 dans les IREM (Instituts de recherche sur l'enseignement des mathématiques, imaginés par l'association des professeurs de mathématiques en 1966, créés par Edgar Faure en 1968, imités partout dans le monde, mais aux moyens limités dans notre pays !). J'aimerais citer et remercier particulièrement :

– la commission Inter-IREM d'histoire et d'épistémologie des mathématiques, longtemps animée et présidée par Évelyne Barbin, puis par Dominique Tournès… et qui regroupe plus d'une centaine de membres de la France entière, passionnés, et dont les publications régulières depuis plus de trente ans forment un bel ensemble ;

– mes collègues Gérard Hamon, Loïc Le Corre (décédé en 2023) et Pascal Quinton (décédé en 2013) avec qui j'ai travaillé en harmonie à Rennes pendant de longues années ;

– Serge Cantat, Dominique Cerveau, Pierre Crépel, Alain Herreman, Emmanuël Houdart, Youri Kabanov, Marie-Françoise Roy, Jean-Pierre Verjus, Cédric Villani, Bachir Bekka et bien d'autres pour m'avoir aidé ou critiqué à un moment ou à un autre.

Je me souviens aussi du travail pionnier de Jean-Louis Ovaërt et Jean-Luc Verley qui ont dirigé les articles mathématiques de l'*Encyclopædia Universalis* et laissé inachevé un grand projet de livres mêlant histoire et mathématiques dont deux seulement furent publiés[2].

J'ai une pensée pour tous les étudiant(e)s (futurs enseignant(e)s de mathématiques pour une bonne part) et enseignant(e)s de l'académie de Rennes qui m'ont exprimé leur intérêt pour ce que je leur raconte (ce que personne d'autre ne fait, disent-ils souvent), pour l'éclairage que cela leur donne sur les mathématiques. C'est à eux que je dédie encore ce livre dans cette nouvelle version au format poche.

Mes remerciements vont également à Stéphane Leborgne et Simonne Peter qui ont bien voulu relire la version 2008 de ce livre et aux éditions Dunod, en particulier à Sarah Forveille et Anne Pompon avec laquelle les discussions sont toujours agréables et fructueuses.

Vous aurez peut-être des remarques, des objections à formuler, des erreurs à signaler. Merci de m'écrire : jean-pierre.escofier@univ-rennes1.fr.

1
Débuts

On peut tenter d'appréhender les connaissances mathématiques de nos ancêtres de la préhistoire par deux moyens très différents : d'une part, en étudiant les objets ou les peintures qu'ils nous ont laissés et, d'autre part, en étudiant les peuples autochtones actuels. Grâce aux fulgurants progrès des sciences cognitives durant ces dernières années, on commence aussi à comprendre ce qui se passe exactement au niveau des neurones de notre cerveau quand on pense à des notions mathématiques très simples.[1]

La Préhistoire

Que nous reste-t-il des temps préhistoriques ? Des squelettes, des pierres taillées en grand nombre, quelques grottes aux peintures admirables, des os entaillés, etc. On en retrouve régulièrement. Comment parler de *mathématiques* pour cette période reculée ? C'est ce qu'a tenté de faire Olivier Keller[2]. En étudiant, par exemple, l'évolution du travail de la pierre, du simple éclat obtenu en frappant le galet en son milieu aux sculptures sur pierre ou sur os qui apparaissent il y a plus de 30 000 ans, puis aux outils de grande finesse de la fin du néolithique, il observe une appréhension de plus en plus poussée des plans et des volumes[3].

Systèmes de numération

Les premières mathématiques sont aussi liées à la formation de l'idée de nombre, en observant des ensembles de personnes, d'animaux... Des comparaisons d'Olivier Keller entre des systèmes de dénomination des nombres entiers petits sont évocatrices de ce qu'a pu être une évolution de systèmes primitifs de base 5 (doigts-main) vers un système à base 10 (mains-pieds) ou à base 20 (mains-pieds-personnes, par exemple) où les nombres 1, 2, 3, 4 ont des dénominations particulières[4]. Les Zunis, par exemple, qui vivent au nord du Nouveau Mexique, n'ont pas de nom spécial pour les petits nombres et ne peuvent pas aller facilement au-delà de 10 : 1 = pris pour commencer, 2 = levé avec le précédent, 3 = le doigt qui divise également, 4 = tous les doigts levés sauf un, 5 = l'entaillé, 10 = tous les doigts ; alors que des Indiens du Paraguay peuvent aller jusqu'à 20 sans difficulté, ayant des mots spéciaux pour 1 et 2, puis 5 = une main, 6 = un autre ajouté, 10 = tous les doigts, 11= arrivé au pied, un, 20 = fini les pieds ; un système plus évolué se rencontre chez les Tamanac du Venezuela avec des mots spéciaux pour les nombres de 1 a 4, 5 = une main entière, 10 = les deux mains, 11 = un du pied, 15 = tout un pied, 20 = un Indien, ensuite on va chercher un copain, ce qui conduit à la base 20. Certains ne vont pas beaucoup plus loin : il n'y aurait rien à compter avec ; des Papous vont jusqu'à 500 en base 20, avec des noms de plus en plus longs. Notons des curiosités : les Yukis un peuple indien de Californie dont il ne reste que peu de représentants, comptaient avec les espaces entre les doigts, dans un système de base 8 ; des Népalais, des Africains comptent en base 12.

Les compétences numériques des Mundurukus

Les Mundurukus, membres d'une tribu amazonienne du Brésil étudiée récemment par Pierre Pica (né en 1951), et d'autres, ont un système de numération minimal. Ils comptent jusqu'à 4 ou 5 plus ou moins approximativement et soustraire 4 de 6 n'a pas vraiment de sens pour eux. Cependant, les enfants mundurukus et américains ont les mêmes résultats aux tests de comparaison de nombres de points (plusieurs dizaines) dans des images ou aux tests de géométrie. À partir des compétences qui seraient en chacun de nous, les Mundurukus auraient développé une appréhension de la *numérosité*, comme s'ils ne pensaient qu'en dizaine, quinzaine, vingtaine, mais n'avaient pas le minimum d'outils de langage pour calculer exactement.

Pour la base 20, il nous reste 80 ; Harpagon devait passer les six-vingts selon Frosine. On retrouve 20 dans 40, 60, 70 et 80 en breton. Les Mayas comptaient beaucoup en base 20 et envisageaient de grandes durées : 400 ans, 160 000 ans, et même 64 milliards (20 à la puissance 6) d'années !

Sciences cognitives

Avant 1990, les sciences cognitives travaillaient avec des tests variés. On demandait, par exemple, à des personnes d'appuyer sur un bouton ou un autre suivant que le nombre qu'on leur proposait était inférieur ou supérieur à 65 : le temps de réponse augmentait nettement quand on proposait des nombres proches de 65.

En 1990, l'imagerie par résonance magnétique fonctionnelle est mise au point. Complétée par des techniques plus anciennes, l'électro- et la magnétoencéphalographie, elle permet d'observer, de manière non invasive, par le traitement (les mathématiques sont ici essentielles) de variations très faibles de signaux, l'activité de neurones dans les différentes zones du cerveau. Les livres fascinants de Stanislas Dehaene (né en 1965) font le point sur les résultats fournis par ces méthodes[5]. On y apprend que les neurones des flancs du sillon intrapariétal du cerveau sont activés lors de toute activité où l'arithmétique intervient. Cela est vrai pour tout être humain, quelle que soit sa culture et cette localisation se retrouve chez les mammifères, particulièrement les chimpanzés et les bonobos. Dans le cerveau d'un être humain naissant, des neurones sont spécialisés pour le nombre 1, d'autres pour le nombre 2, d'autres pour le nombre 3. Très tôt, les bébés ont le sens de ces petits nombres ; ils savent aussi distinguer des séries de 4 et de 12 éléments. On sait aussi que des neurones actifs quand on parle de nombres plus grands (ou plus petits) sont aussi actifs quand on tourne les yeux à droite (ou à gauche). Les sciences cognitives sont aujourd'hui en plein développement. Pour le moment, on ne peut encore dire comment le cerveau appréhende les mathématiques et on n'imagine pas exactement ce dont sont capables nos près de cent milliards de neurones et toutes les connexions établies entre eux par les synapses. Le cerveau est d'une grande plasticité et des synapses se mettent sans cesse en place, particulièrement quand on répète le même type d'exercice régulièrement. Si vous voulez être bon en mathématiques, entraînez-vous tous les jours, ça paiera !

Le système sumérien de numération

La civilisation sumérienne qui se développe au troisième millénaire avant notre ère a produit des œuvres merveilleuses, aussi bien littéraires qu'artistiques. Les Sumériens écrivaient avec un *calame* (tige de roseau), dont l'extrémité était taillée, sur des tablettes d'argile fraîche qu'ils faisaient ensuite sécher au soleil et qui nous sont parvenues telles qu'elles avaient été écrites ou recopiées.

Les toutes premières tablettes[6], datées de –3300, marquent une étape cruciale de la naissance de l'écriture. L'étape précédente est celle des bulles-enveloppes, petites sphères d'argile dans lesquelles on plaçait des jetons et sur lesquelles on inscrivait quelques signes pour garder la trace d'un accord ; les premiers coups de génie ont été de supprimer les jetons, d'aplatir les bulles et de développer l'écriture. Les bulles-enveloppes comme les premières tablettes donnent des décomptes de bovins, béliers, brebis, agneaux et agnelles, etc. La naissance de l'écriture est ainsi liée à l'écriture de nombres ; elle ne note d'abord que quelques mots.

Les différents systèmes de mesure propres à chaque ville et à chaque domaine de mesure sont unifiés par le premier empire akkadien vers –2200, –2100 ; un système de numération en base 60 s'impose, réduit à deux signes qui suffisaient pour tout écrire, l'un en forme de clou, l'autre de chevron (figure 1.1), obtenus en appuyant

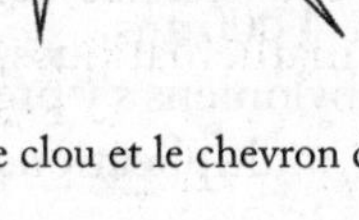

Figure 1.1. Le clou et le chevron des Sumériens.

différemment avec le calame sur la tablette. Le clou vaut donc 1 ou, plus généralement, 60^k, le chevron vaut 10 ou, plus généralement, 10×60^k, sans que rien ne permette souvent de connaître l'ordre de grandeur[7].

Écriture des nombres

Pour écrire 56, on écrira 5 chevrons suivis de 6 clous (les chevrons sont emboîtés, les clous regroupés par 3 si besoin). Pour écrire $6\,975 = 3\,600 + 56 \times 60 + 15$, on écrit un clou, puis 56, puis 15 (un chevron et 5 clous). Pour écrire $3\,615 = 3\,600 + 15$, on écrit un clou, puis 15 ; pour marquer l'absence de soixantaines, le scribe laisse parfois un espace entre le clou et 15, parfois non ; il faut deviner. Ce n'est que bien plus tard, vers –300, qu'apparaît dans des tablettes une notation de séparation jouant le rôle de notre zéro comme dans l'écriture de 2 016.

Les Babyloniens, des sémites, dominent le Moyen-Orient à partir de la fin du troisième millénaire, assimilant la culture des Sumériens. Les années –2000 à –1600 sont un âge d'or pour les mathématiques. Plusieurs centaines de tablettes retrouvées dans les fouilles en témoignent.

Le système en base 60 se diffuse chez les mathématicien(ne)s grecs dans les années –300 ; il sera transmis par les Arabes aux Européens et, si vous regardez votre montre en lisant ce livre, vous devriez avoir une pensée pour le, la ou les mathématicien(ne)s qui ont inventé ce système il y a plus de 4 000 ans.

Comment les Babyloniens s'y prenaient-ils pour effectuer leurs additions, multiplications, etc. On ne sait pas exactement. Il est probable qu'ils ne disposaient pas les nombres comme nous ; peut-être, comme dans le monde arabe plus tard, les écrivaient-ils sur le sable, obtenant un à un les chiffres du résultat en effaçant au fur et à mesure les chiffres des nombres initiaux dont ils n'avaient plus besoin.

Calculs d'inverses

Certaines tablettes donnent les inverses de nombres dits *réguliers* (dont les seuls diviseurs sont 2, 3, 5) ; l'inverse de 2 est 30 puisque $2 \times 30 = 1$ à un facteur 60 près ; de même, l'inverse de 3 est 20, l'inverse de 4 est 15. Les choses se compliquent un peu quand on doit calculer l'inverse de 9 ; on peut dire que c'est l'inverse du carré de 3, donc, à un facteur 60^2 près, $20^2 = 400 = 6 \times 60 + 40$. Ces tablettes étaient utilisées pour faire des divisions : au lieu de diviser par un nombre, on multipliait par son inverse donné par la table ; c'est pourquoi on trouve des tables de multiplication par $44\,26\,40 = (1/9)^2 = 1/81$: elles étaient destinées aux divisions par 81.

Le roi assyrien Assurbanipal (–685 à –631/–626) était très fier de ses connaissances mathématiques ; sur une stèle, il a fait graver : *Je peux résoudre des multiplications et des divisions complexes qui n'ont pas de solution facile.* Il avait réuni 20 000 tablettes dans la bibliothèque de Ninive.

Approximation de $\sqrt{2}$

La tablette YBC 7289 fait partie de la Yale Babylonian Collection. Sa provenance exacte est inconnue ; elle a été trouvée vers 1912 et daterait des années –1700 environ. Un carré de 5 centimètres de côté y est tracé (figure 1.2). Sont indiqués le côté du carré : 30 (ou 1/2, impossible de décider) et les valeurs 1 24 51 10, c'est-à-dire $1 + \frac{24}{60} + \frac{51}{60^2} + \frac{10}{60^3}$, et sa moitié (ou son produit par 30) ; on vérifie que $1\ 24\ 51\ 10 = 1,414212963$ en notation décimale, valeur approchée par défaut à $6 \times 10^{-7} = 0,0000006$ près de $\sqrt{2}$; la seconde peut s'interpréter comme donnant la valeur de la diagonale du carré dessiné.

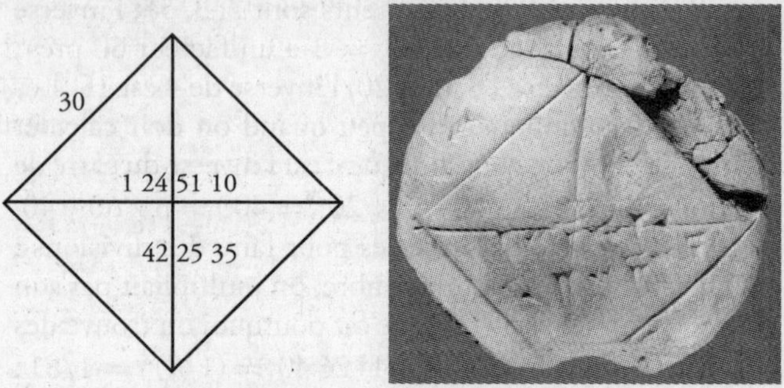

Figure 1.2. YBC 7289 : $\sqrt{2}$.

Cette belle approximation a été utilisée par Ptolémée, 2000 ans plus tard ; on n'avait pas encore fait mieux. On ne sait comment elle a été obtenue, mais elle correspond à une valeur donnée par l'algorithme de Héron : 577/408 (voir p. 43)[8].

Exemple de résolution babylonienne d'une équation du second degré

Quelques dizaines de tablettes babyloniennes donnent des résolutions d'équations du second degré sous forme d'exercices. Elles correspondent à la formule que nous apprenons tous par cœur aujourd'hui ; on peut donc dire que les Babyloniens savaient résoudre les équations du second degré.

Donnons un exemple d'une tablette très ancienne, la tablette BM 13901 du British Museum, qui propose un certain nombre de ces équations.

J'ai additionné 7 fois le côté de mon carré et 11 fois la surface : 6 15

Le problème posé correspond à l'équation : $11x^2 + 7x = 6,25$ $(15/60 = 1/4)$, équation de la forme $ax^2 + bx + c = 0$ avec $a = 11$, $b = 7$, $c = -6,25$. La tablette conserve les indications du *professeur* à son *élève* (le calcul littéral correspondant est indiqué entre parenthèses) :

Tu multiplieras 11 par 6 15 : 1 8 45 (calcul de $-ac$) ;
Tu multiplieras 3 30 par 3 30 : 12 15 (calcul de $(b/2)^2$) ;
Tu l'ajouteras à 1.8.45 : 1 21 (calcul de $(b/2)^2 - ac$) ;
C'est le carré de : 9 (calcul de $\sqrt{(b/2)^2 - ac}$) ;
Tu soustrairas 3 30 : 5 30 (calcul de $\sqrt{(b/2)^2 - ac} - b/2$) ;
Que poser qui, multiplié par 11, donne 5 30 : 30 (calcul de $(\sqrt{(b/2)^2 - ac} - b/2)/a$) ;
Le côté du carré est 30 (autrement dit : 1/2).

Traduction-trahison

La traduction initiale de ce problème remonte à 1938. Même si je l'ai abrégée et simplifiée, elle nous laisse penser que les Babyloniens utilisaient notre langage algébrique actuel. Cette approche est maintenant réévaluée : en tenant compte du sens des mots utilisés, il semble que les Babyloniens raisonnaient sur des surfaces, des carrés, des rectangles, les ajoutant, les retranchant, les séparant en deux parties et associant à une longueur ℓ le rectangle de côtés 1 et ℓ.

Plimpton 322

La tablette Plimpton 322 est une tablette babylonienne de 12,7 sur 8,8 centimètres portant le numéro 322 dans la collection laissée à l'université Columbia de New-York par George Plimpton (1855-1936). Elle a probablement été trouvée à Larsa, au sud de l'Irak actuel. Elle daterait des années –1800 et a été victime d'une cassure à gauche (figure 1.3).

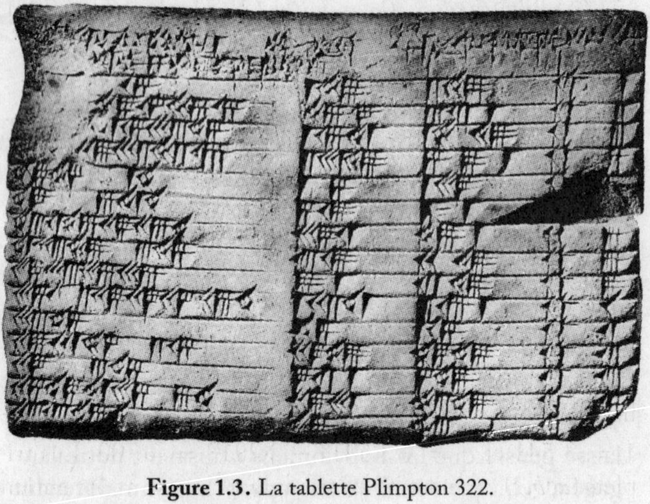

Figure 1.3. La tablette Plimpton 322.

c^2/b^2	a	c	n° de ligne
[1 59 00] 15	1 59	2 49	1
[1 56 56] 58 14 50 06 15	56 07	3 12 1*	2
[1 55 07] 41 15 33 45	1 16 41	1 50 49	3
[1] 5[3] [1]0 29 32 52 16	3 31 49	5 9 1	4
[1] 48 54 01 40	1 05	1 37	5
[1] 47 06 41 40	5 19	8 01	6
[1] 43 11 56 28 26 40	38 11	59 01	7
[1] 41 33 59 03 45*	13 19	20 49	8
[1] 38 33 36 36	9 01*	12 49	9
[1] 35 10 02 28 27 24 26 40	1 22 41	2 16 1	10
[1] 33 45	45	1 15	11
[1] 29 21 54 02 15	27 59	48 49	12
[1] 27 00 03 45	7 12 01*	4 49	13
[1] 25 48 51 35 06 40	29 31	53 49	14
[1] 23 13 46 40	56*	53*	15

Figure 1.4. Les chiffres lisibles sur la tablette Plimpton 322.

Elle a été déchiffrée et analysée pour la première fois par Otto Neugebauer (1899-1990) et Abraham Sachs (1914-1983) en 1945[9].

Les titres des colonnes conduisent à considérer a et c comme un côté de l'angle droit et l'hypoténuse d'un triangle rectangle à côtés entiers. On peut vérifier (figure 1.4) pour 11 des 15 lignes (celles sans *) que le troisième côté de l'angle droit, $b = \sqrt{c^2 - a^2}$, est aussi entier. Par exemple, ligne 7, on a $a = 38 \times 60 + 11 = 2\,291$, $c = 59 \times 60 + 1 = 3\,541$ et $b = \sqrt{3\,541^2 - 2\,291^2} = 2\,700$. Les triplets (a, b, c) définissant un triangle rectangle à côté entiers

a, b, c, avec c pour l'hypoténuse, sont appelés *triplets pythagoriciens.* On peut corriger les nombres marqués d'une * dans les 5 lignes erronées, par exemple, le 9 01 de la ligne 9 doit être corrigé en 8 01 = 481. Les chiffres entre crochets ne sont plus visibles sur la tablette. La ligne 11 correspond au triangle $(3, 4, 5)$.

Comment les Babyloniens en étaient-ils arrivés là ? Différentes explications ont été avancées[10]. Neugebauer et Sachs pensaient qu'ils avaient trouvé d'une manière ou d'une autre que les triplets

$$a = k(m^2 - n^2), b = 2kmn, c = k(m^2 + n^2),$$

avec k, m et n entiers, sont pythagoriciens ; on peut imaginer, mais cela ne prouve rien, qu'une idée liée à la formule $(a + b)^2 = (a - b)^2 + 4ab$ peut le suggérer. Un argument renforcerait la thèse de Neugebauer et Sachs : la liste des triplets donnés par ces formules, avec les conditions m et n réguliers, premiers entre eux, inférieurs à 125 et le plus petit angle du triangle entre 32 et 45 degrés, est exactement celle de la tablette.

2
La Grèce antique

Le raisonnement mathématique fut fondé par les Grecs, le premier connu étant la démonstration de l'irrationalité de $\sqrt{2}$. *De 300 avant notre ère aux environ de 600, la capitale intellectuelle du monde est Alexandrie. Vers –300, Euclide y rédige les* Éléments, *un monument dont l'influence est encore ressentie de nos jours. Puis viennent Archimède, un génie, Apollonius de Pergé, qui a fait l'étude des coniques, Claude Ptolémée, un astronome dont les travaux vont s'imposer pendant quinze siècles, et bien d'autres.*

Thalès vers –600

Thalès (vers –624 à –547) est originaire de Milet à l'embouchure du Méandre sur la côte ouest de la Turquie actuelle. Aucun texte de lui ne nous est parvenu. Proclus (411-485), qui vécut 1000 ans après lui, indique qu'on lui attribuait les propositions suivantes : *Un diamètre partage un cercle en deux parties égales, Les angles à la base d'un triangle isocèle sont égaux, Les angles opposés par le sommet sont égaux*, et un cas d'égalité des triangles. En donnait-il des démonstrations ?

Alors, pourquoi nomme-t-on, en France, théorème de Thalès l'énoncé sur la proportionnalité des segments découpés par des parallèles sur deux droites ? Je croyais, comme beaucoup, à l'apparition du théorème dans des manuels du début des années 1880[1]. Mais mon collègue Alain Herreman a retrouvé des mentions antérieures du théorème, désigné par son nom actuel, comme celle de Cournot (1801-1877) en 1847[2], qui cite le théorème comme un résultat bien connu de ses lecteurs et marquant *le commencement de la géométrie et celui de toute science exacte*. Les Espagnols, les Russes font comme nous ; mais en Allemagne, on appelle théorème de Thalès, *Satz von Thales*, le théorème énonçant qu'un angle inscrit dans un demi-cercle est droit[3].

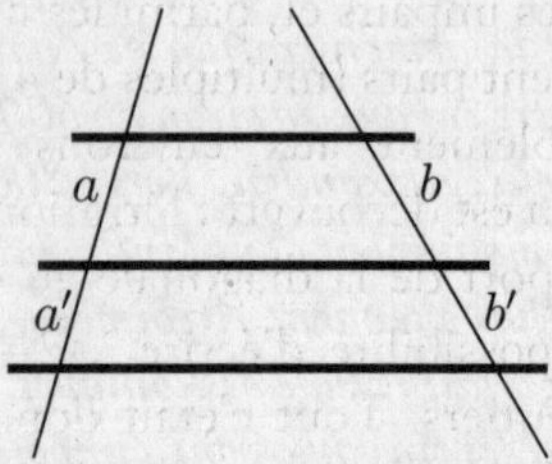

Figure 2.1. Théorème de Thalès : $a/a' = b/b'$

Vingt ans après Thalès, à Milet, Anaximandre est à l'origine de la naissance de la pensée scientifique, comme l'explique Carlo Rovelli dans son ouvrage *La Naissance de la pensée scientifique*.

Pythagore, irrationalité de $\sqrt{2}$

Pythagore (vers –570 à –495) serait né à Samos. Il est connu pour avoir fondé une école qui ressemble à une secte, entre la philosophie et la religion. Mais il n'aurait rien écrit et son activité scientifique n'est mentionnée pour la première fois que 400 ans après sa mort ! Ainsi, les seuls noms de mathématiciens connus de tous les élèves et de tous leurs professeurs, cités dans tous les livres, sont connus pour de mauvaises raisons : l'un a sans doute fait un peu de mathématiques et d'astronomie, mais pas ce que l'on croit ; l'autre n'aurait rien fait du tout !

Les élèves de Pythagore, les Pythagoriciens, soutenaient que tout dans la nature est nombre entier ou rapport de nombres entiers. Ils distinguaient les nombres pairs des nombres impairs et, parmi les nombres pairs, les nombres pairement pairs (multiples de 4), etc.

C'est probablement aux environs de −430 qu'un résultat inattendu est découvert : l'irrationalité de la racine de 2 (ou du rapport de la diagonale au côté d'un carré), c'est-à-dire l'impossibilité d'écrire $\sqrt{2}$ sous forme d'un quotient p/q d'entiers. Tout n'était donc pas exprimable par des entiers ou des rapports d'entiers. Platon attribue cette découverte à Théodore de Cyrène dans son dialogue *Théétète* consacré à une définition de la science.

Démonstration de l'irrationalité de $\sqrt{2}$

Aristote disait qu'elle résultait de l'inégalité du pair et de l'impair, ce qui est obscur. Voici un exemple de ce qu'on pourrait comprendre. Si $\sqrt{2} = p/q$ avec p, q entiers, on a $p^2 = 2q^2$. Dans cette égalité, les puissances de 2 divisant les deux membres doivent être égales. Si la plus grande puissance de 2 divisant p est 2^r et si la plus grande puissance de 2 divisant q est 2^s, on doit donc avoir $2r = 2s + 1$, ce qui est impossible. C'est un résultat qui n'est pas visible sur une figure.

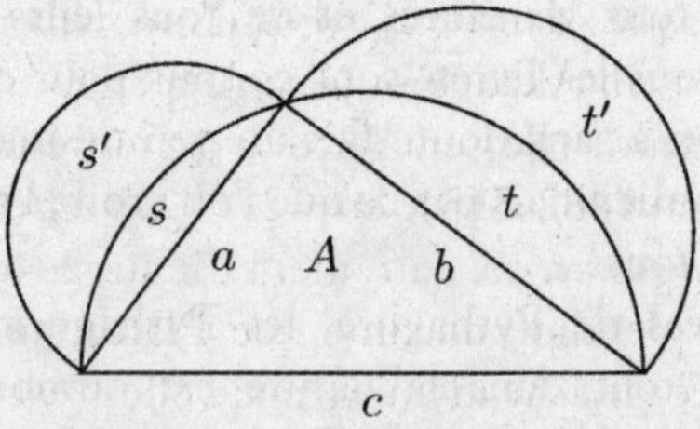

Figure 2.2. Lunules d'Hippocrate.

Les lunules d'Hippocrate

À la même époque, Hippocrate de Chio (–470 à –410) obtenait un résultat qui pouvait laisser espérer une réponse positive au problème de la quadrature du cercle. Ce problème célèbre aurait été abordé par Anaxagore de Clazomènes (vers –500 à –428) et consiste à construire à l'aide *seulement* d'une *règle* et d'un *compas* un carré de même aire qu'un cercle donné, autrement dit à construire un segment de longueur $\sqrt{\pi}$ (voir p. 190). En traçant un triangle rectangle dont les longueurs des côtés sont a, b, c (d'aire $A = ab/2$), puis les demi-cercles de diamètres les trois côtés, Hippocrate s'était aperçu que la somme des aires s' et t' des deux lunules de la figure valait A puisque $A + s + t = \pi c^2/8 = \pi(a^2 + b^2)/8 = s + s' + t + t'$.

Platon, Aristote, Eudoxe

Les Grecs ont fondé la philosophie (le mot viendrait de Pythagore, à qui l'on prête beaucoup, on l'a vu). Platon (–428 à –348) rencontre Socrate en –408 et devient son disciple. Il est frappé par sa condamnation par les Athéniens (Socrate est accusé, en particulier, de corrompre la jeunesse) à boire la ciguë, en –399. Vers –388, Platon prend l'habitude de se promener en philosophant avec ses disciples dans les jardins d'une villa ayant appartenu à un certain Akademos ; l'école qu'il fonde s'appellera donc Académie ; elle sera fermée par un édit de l'empereur Justinien (482-565), en 529. *Que nul n'entre ici s'il n'est apte à la géométrie*, autrement dit aux mathématiques, telle est la splendide maxime que Platon aurait fait placer à l'entrée de l'Académie ; mais elle n'est mentionnée que près de 1000 ans plus tard. Il voyage beaucoup, écrit une œuvre abondante sous forme de dialogues de Socrate avec diverses personnes dont certains touchent les mathématiques. Dans le *Timée*, Timée, philosophe pythagoricien contemporain de Socrate, expose devant lui une théorie de l'univers où l'argumentation est parfois curieuse pour nous aujourd'hui ; il associe les cinq polyèdres convexes et réguliers (appelés depuis polyèdres de Platon) à la liste des cinq éléments : terre et cube, feu et tétraèdre, air et octaèdre, eau et icosaèdre, éther et dodécaèdre (le dernier à être découvert sans doute).

Tentons de résumer. Pour Platon, l'âme serait immortelle et daterait du début de l'univers ; entre deux incarnations, elle serait en contact avec le monde du divin et des idées, aurait connaissance de tout, mais l'oublierait à chaque naissance ; elle pourrait retrouver les idées par réminiscence : devant un cercle concret, imparfait, elle se souviendrait de l'idée de cercle parfait ; les théorèmes existeraient quelque part et seraient à re-découvrir ; les raisonnements seraient conduits sur des figures imparfaites en ayant à l'esprit des figures parfaites. Les interrogations de Platon sur la nature des idées mathématiques trouvent encore des échos aujourd'hui. Certain(e)s pensent que les mathématiques (les nombres premiers, les groupes simples...) sont les mêmes sur la Terre et sur toute exoplanète d'une galaxie lointaine, voire avant le big bang et après le big crunch, d'autres non, et qu'elles attendent d'être découvertes par nous.

Aristote (–384 à –322) est d'abord un disciple de Platon ; en –335, il fonde sa propre école, le *Lycée*. L'œuvre d'Aristote touche souvent aux mathématiques, particulièrement à la logique. Il définit soigneusement ce qu'est une proposition, ce qu'est une démonstration, les règles de déduction[4]. Dans les *Seconds analytiques*, il explique comment construire la connaissance. Il faut partir de prémisses vraies, incontestables, comme : *Deux choses égales à une même chose sont égales entre elles*, que l'on appelle des axiomes et qui sont indémontrables. Il faut définir des notions, demander l'existence d'objets (par exemple, on définit l'*unité* comme *indivisible*, on demande qu'elle existe).

Le témoignage d'Archimède permet d'attribuer à Eudoxe de Cnide (vers –408 à –355, Cnide est sur l'île de Rhodes) la théorie des proportions exposée dans le livre V des *Éléments* d'Euclide et les méthodes d'exhaustion (voir p. 36) donnant le volume de la pyramide et du cône. On peut donc penser qu'Eudoxe, connu aussi comme astronome (il a conçu un modèle complexe du système solaire avec 27 sphères) avait un grand génie. Autour de lui s'était formé une école ; il ne nous en reste aucun texte.

La numération alphabétique grecque

L'alphabet grec comporte 24 caractères. Avec trois caractères archaïques, les Grecs disposaient de 27 caractères. Ils notaient les nombres de 1 à 9 par les neufs premiers (alpha note 1, bêta note 2, etc.), les dizaines de 10 à 90 par les neuf suivants et les centaines de 100 à 900 par les neuf derniers. Avec ce système, on peut noter tous les nombres entre 1 et 999. Ainsi,

ΩΞΖ (oméga ksi zêta) note 867 puisque Ω note 800, Ξ note 60 et Ζ note 7. Avec ces principes et quelques conventions, les Grecs pouvaient écrire de très grands nombres.

Alexandre, Alexandrie

Le roi Philippe de Macédoine avait forgé pour son fils Alexandre un joujou extraordinaire : la phalange macédonienne, armée novatrice de guerriers serrés en rangs les uns contre les autres, armés de longues sarisses, les pointes de celles du cinquième rang dépassant encore le premier rang… Quand Philippe meurt, Alexandre ne tarde pas à se servir de ses soldats. En dix ans, il va bouleverser le Proche-Orient, écrasant les Perses, puis s'engageant dans une extraordinaire aventure, allant jusqu'en Afghanistan sans réussir à le pacifier (déjà !), atteignant les royaumes du bord de l'Indus. Alexandre avait le génie de la création de villes (portant son nom) partout où il passait. C'est ainsi qu'en janvier –331, lors d'une opération éclair en Égypte, il fonde Alexandrie.

Quand Alexandre meurt, en –323, son empire est partagé entre ses généraux. L'un d'eux, Ptolémée (vers –368 à –283) reçoit l'Égypte ; il lui faut du temps pour s'imposer et consolider son pouvoir ; il choisit Alexandrie comme capitale et y fait venir de nombreux savants et artistes du monde grec. Il crée pour eux un lieu de travail, appelé le *Musée*. Pour leur documentation, il fonde la *Bibliothèque* où sont réunies au fil des ans des collections de plusieurs centaines de milliers de textes écrits sur de longues bandes (les *volumen*, de plusieurs mètres parfois) faites de papyrus (d'où le mot papier), roulées sur elles-mêmes et qui devaient être complètement déroulées pour en lire la fin, inconvénient que nos livres n'ont pas. Avec le Musée et la Bibliothèque, Alexandrie était la grande capitale intellectuelle du monde méditerranéen de l'époque ; elle allait le rester près de 1 000 ans.

C'est au tout début de ce développement exceptionnel qu'a été conçu un ouvrage qui ne l'est pas moins, les *Éléments* d'Euclide.

Les *Éléments* d'Euclide

D'Euclide, nous ne savons rien. Il aurait travaillé à Alexandrie. Quand ? Difficile de le dire. Proclus parle de –300.

Les manuscrits complets des *Éléments* qui ont été conservés ont été copiés plus de 1 000 ans après Euclide sur des copies de copies, certaines introduisant des erreurs, des variantes, des commentaires, des ajouts que d'autres recopiaient... Pendant longtemps, on n'a connu que des manuscrits descendants d'une édition des *Éléments* réalisée à la fin des années 300 par Théon d'Alexandrie (335-405), père de la seule mathématicienne connue de l'Antiquité, Hypathie (370-415) (morte assassinée, probablement par une secte de chrétiens fanatiques). En 1808, le bibliothécaire de l'École polytechnique, François Peyrard (1760-1822), découvrit parmi tous les documents du Vatican rapportés par Monge (voir p. 134), un parchemin du dixième siècle, le codex 190, copié sur une version des *Éléments* antérieure à celle de Théon et en différant par endroits[5].

Pendant plus de 2000 ans, les *Éléments* ont été la base de la formation des mathématicien(ne)s du monde occidental et ont fait l'objet de très nombreuses éditions.

Les *Éléments* comportent 13 livres. Les livres I à IV traitent de géométrie plane, les livres V et VI de la théorie des proportions, les livres VII à IX d'arithmétique, le livre X, aux dimensions imposantes, traite de problèmes d'irrationalité, les livres XI à XIII de géométrie dans l'espace.

La première chose qui frappe en ouvrant les *Éléments*, c'est le langage et le style d'exposition, très proche du nôtre : des énoncés et des démonstrations. C'est le premier texte rigoureux : il y a des définitions, des démonstrations, jamais un argument venu d'ailleurs.

Euclide commence par donner ses définitions de point (*ce dont il n'y a aucune partie*), ligne droite (*celle qui est placée de manière égale par rapport aux points qui sont sur elle*). Ce sont des définitions tout à fait imprécises, et Euclide ne les utilisera jamais. Il définit ensuite les notions d'angle, angle aigu, cercle, diamètre, triangle isocèle, carré, etc. Les droites parallèles sont des droites *qui, étant dans le même plan ... ne se rencontrent pas...*

Euclide formule ensuite cinq demandes (ou axiomes) comme :

1) *mener une ligne droite de tout point à tout point* ;
3) *construire un cercle de centre donné et de rayon donné* ;
5) *si une droite tombant sur deux droites fait les angles intérieurs et du même côté plus petits que deux droits, les deux droites, indéfiniment prolongées, se rencontrent du côté où sont les angles plus petits que deux droits.*

La demande 5 est ce qu'on appelle souvent le cinquième postulat[6]. Elle signifie que, si les angles en E et F marqués sur la figure 2.3 ont une somme plus petite que deux droits, les droites (AB) et (CD) vont se rencontrer du côté de *B* et *D*. On remarquera que l'infini y est invoqué : Euclide et ceux qui l'ont suivi auraient dû se méfier !

Vous connaissez sans doute les efforts des mathématicien(ne)s durant des siècles pour chercher, en vain, à donner une démonstration de ce cinquième postulat.

En fait, les demandes d'Euclide sont en nombre très insuffisant et beaucoup sont implicites, ce qui n'enlève rien à la grandeur des *Éléments*. Il faudra attendre Hilbert (voir p. 186) pour avoir une axiomatique complète de la géométrie.

Le livre I commence par une démonstration insuffisante ! Il s'agit de la construction d'un triangle équilatéral *ABC* dont un côté [*AB*] est donné. Euclide construit *C* comme l'intersection des cercles de centres *A* et *B* ayant comme rayon la longueur de [*AB*], mais rien n'assure que cette intersection existe ! Cela n'a gêné personne jusqu'à 1900. Puis Euclide donne des propositions de géométrie élémentaire que nous apprenons tous au collège : partage d'un angle en deux angles égaux, cas d'égalité des triangles, construction de la perpendiculaire à une droite donnée par un point donné, etc. La proposition 47, dernière proposition du livre I, est le fameux théorème

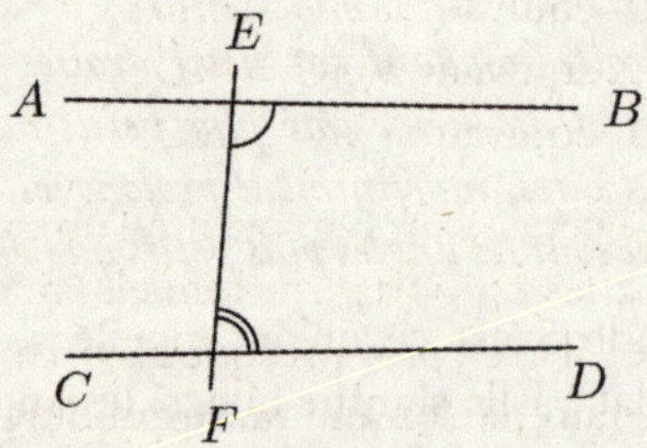

Figure 2.3. Postulat d'Euclide

que nous appelons théorème de Pythagore. Mais Euclide le conçoit comme un problème de quadrature : construire un carré dont l'aire est la somme des aires de deux carrés donnés. La proposition 14 du livre II complète ce résultat en construisant un carré de même aire qu'un rectangle donné. Le livre IV culmine dans la construction à la règle et au compas du pentagone régulier inscrit dans un cercle.

Le sujet du livre V est la théorie des proportions ; on dit aussi que c'est la *mesure des grandeurs*, le mot *grandeur*, qu'Euclide ne définit pas, se référant implicitement à des grandeurs de différentes espèces (notion également non définie) : segments de droite, aires, volumes, angles... Les grandeurs de même espèce peuvent être comparées, ajoutées. Deux grandeurs A et B de même espèce ont un rapport ($\lambda \acute{o} \gamma o \varsigma$) si des multiples de la première dépassent des multiples de la seconde et des multiples de la seconde dépassent des multiples de la première. En ce sens, le côté a d'un carré et sa diagonale $a\sqrt{2}$ ont un rapport puisque $a < a\sqrt{2} < 2a$.

La cinquième définition est superbe[7]. Elle définit l'égalité de rapports : les grandeurs A et B ont le même rapport que les grandeurs C et D, si pour tous entiers m et n :

- $mA < nB$ équivaut à $mC < nD$;
- $mA = nB$ équivaut à $mC = nD$;
- $mA > nB$ équivaut à $mC > nD$.

Euclide n'a cependant parcouru qu'une partie du chemin : il définit les rapports irrationnels, mais ce sont des objets isolés et il n'en fait presque rien car il ne définit pas comment faire la somme ou le produit de deux rapports. Cela limite considérablement la portée du livre V. Tous ceux qui font des calculs n'auront pas besoin de cette admirable construction théorique et pourront continuer à calculer comme ils en avaient l'habitude. La proposition 2 du livre VI montre notre théorème de Thalès français, espagnol, etc.

L'arithmétique occupe les trois livres suivants des *Éléments*. La définition 23 est celle de nombre *parfait*, nombre égal à la somme de ses diviseurs (autres que lui-même), comme 6 et 28 (puisque $6 = 1 + 2 + 3$ et $28 = 1 + 2 + 4 + 7 + 14$). Les deux premières propositions du livre VII donnent ce que nous appelons l'*algorithme d'Euclide* ; elles permettent de calculer le pgcd (le *plus grand commun diviseur*) de deux nombres par soustractions successives (nous ferions plutôt ce qu'on appelle des *divisions euclidiennes*).

L'infinité de nombres premiers

La proposition 20 du livre IX est remarquable. Elle affirme qu'il y a une infinité de nombres premiers sous la forme suivante : *Les nombres premiers sont plus nombreux que toute multitude de nombres premiers proposée* (un nombre premier est un nombre supérieur ou égal à 2 qui n'est divisible que par lui-même et 1). Un nombre composé est un produit de plusieurs nombres supérieurs ou égaux à 2. La liste des nombres premiers commence par 2, 3, 5, 7, 11, 13, 17, 19, etc. Certain(e)s refuseront la démonstration d'Euclide : elle commence par *Soient les nombres premiers proposés A, B, C. Je dis que les nombres premiers sont plus nombreux que A, B, C* ; le nombre $ABC + 1$ a un diviseur premier et ce diviseur n'est ni A, ni B, ni C. C'est l'argument que nous connaissons, mais pourquoi donc ne raisonner qu'avec trois nombres ? Peut-être n'était-on pas prêt alors à raisonner sur un nombre indéterminé de nombres premiers. On remarque qu'Euclide parle de l'infini comme Aristote, pour qui les nombres premiers ne sont pas une infinité en *acte* : Euclide ne dit pas que l'ensemble des nombres premiers est infini, mais que le nombre de nombres premiers est supérieur à tout nombre donné ; c'est une infinité en *puissance*.

La démonstration de la proposition 31 : *Tout nombre composé est mesuré par un certain nombre premier*, fait appel à l'infini d'une manière explicite pour justifier que, parmi les diviseurs d'un nombre A, existe nécessairement un nombre premier : *s'il ne s'en trouvait pas, des nombres en quantité illimitée mesureraient le nombre A dont chacun serait plus petit que le précédent, ce qui est impossible dans les nombres.*

Le livre IX se termine par la proposition 36, qui donne une famille d'exemples de nombres parfaits (définis ci-dessus) : les nombres de la forme $2^{n-1}(2^n - 1)$ avec $2^n - 1$ premier ; par exemple : $6 = 2(2^2 - 1)$, $28 = 4(2^3 - 1)$, $496 = 16(2^5 - 1)$, $8128 = 64 \times 127$ sont parfaits. Que les nombres parfaits pairs soient tous de cette forme est un résultat d'Euler ; qu'il n'existe pas de nombre parfait impair n'est toujours pas démontré, même si l'on a obtenu des conditions abracadabradantesques pour de tels nombres (plus de 300 chiffres, etc., mais sait-on jamais ?). Les nombres premiers de la forme $2^n - 1$ sont appelés nombres de Mersenne (voir p. 83).

Le livre X est le plus long et le plus difficile ; il traite de quantités obtenues avec des racines carrées. Le livre XI aborde la géométrie dans l'espace. Le livre XII nous fait entrer dans un nouveau monde. Euclide montre que le rapport des aires de deux cercles C et C' est égal au carré du rapport de leurs diamètres $\frac{d^2}{d'^2}$ en utilisant des polygones réguliers de 2^n côtés inscrits et circonscrits aux cercles. Il s'agit du premier raisonnement mettant en œuvre des éléments de calcul intégral. Grégoire de Saint-Vincent (1584-1667) soulignera le côté universel de cette méthode de raisonnement, de ce travail d'exhaustion (*totum exhaustionis negotium*), en 1648, et le nom de *méthode d'exhaustion* lui est resté depuis.

Le corollaire de la proposition 7 établit que le volume V d'une pyramide triangulaire est le tiers de sa base B par la hauteur h : $V = Bh/3$. Cette formule connue des Égyptiens et de Démocrite (vers –460 à –370), démontrée, comme je l'ai dit, par Eudoxe avec un raisonnement annonciateur du calcul intégral, a une très longue histoire[8].

Le livre XIII se termine en beauté par l'étude des polyèdres réguliers convexes. De nombreuses œuvres d'Euclide ont été perdues. Dans l'une d'elles, il demandait de partager un cercle en trois régions de même aire avec deux droites parallèles. Essayez !

Première mesure de la Terre

Ératosthène (–276 à –194) naît à Cyrène (Lybie actuelle). Nous connaissons par Nicomède son *crible* pour déterminer de proche en proche les nombres premiers : on écrit tous les nombres entiers, de 2 à 1000 par exemple, à la suite. Le raisonnement est un classique de l'arithmétique.

Comme 2 est le premier nombre écrit, il n'a aucun diviseur propre et est premier ; les multiples de 2 strictement supérieurs à 2 ne sont donc pas premiers et on les barre. Le premier nombre non barré est 3 ; il est donc premier. Les multiples de 3 strictement supérieurs à 3 ne sont donc pas premiers et on les barre. Le premier nombre non barré est 5, il est premier, etc.

Ératosthène est surtout connu pour avoir donné une très bonne estimation des dimensions de la Terre[9]. Que la Terre soit sphérique est bien établi depuis plus d'un siècle dans le monde grec. Ératosthène sait qu'Alexandrie et Assouan (Syène dans les textes grecs) sont (à peu près) sur le même méridien. Il sait aussi qu'à Syène, à midi au solstice d'été, les objets n'ont pas d'ombre et qu'on voit le Soleil du fond des puits ; le Soleil est donc à la verticale de Syène. Pour comprendre, traçons la section de la Terre par le plan diamétral passant par les pôles, par Alexandrie, notée A, et par Syène, notée B. Le Soleil, noté S, est suffisamment loin de la Terre pour qu'on puisse supposer que les rayons que nous représentons arrivant en A et en B sont parallèles (figure 2.4).

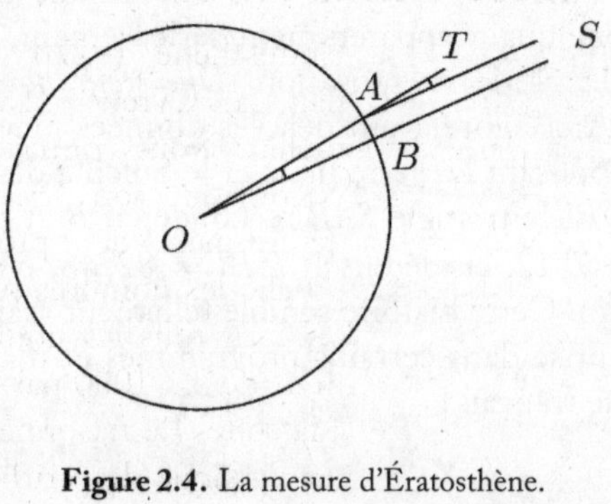

Figure 2.4. La mesure d'Ératosthène.

Les droites (*OAT*) et (*OBS*) sont les verticales d'Alexandrie et de Syène, les rayons (*SA*) et (*SB*) sont parallèles, donc l'angle $\widehat{AOB}$ est égal à l'angle $\widehat{SAT}$. Ératosthène peut mesurer la valeur de ce dernier angle : 7°12, soit exactement 360°/50. Comme il sait que la distance de Syène à Alexandrie est de 5 000 stades, la circonférence de la Terre est de 50 × 5 000 = 250 000 stades. Le raisonnement est d'une grande simplicité. La valeur finale d'Ératosthène est 252 000 stades pour avoir un nombre entier de stades par 60-ième de circonférence : 4 200 stades (la division du cercle en 360 parties s'impose un siècle plus tard). Le problème est qu'aucun document ne permet de préciser la valeur de ce stade : on peut hésiter entre des valeurs très différentes, donnant pour le tour de la Terre entre 24 000 km et 46 000 km, ce qui serait malgré tout de beaux résultats.

Une histoire totalement inventée

La figure que nous avons tracée suppose de savoir que la Terre est ronde et que le Soleil est comme à l'infini. George Gamow (1904-1964), un brillant cosmologiste, expliquait, apparemment sérieusement, dans un de ses livres de vulgarisation, *Une étoile nommée Soleil*, qu'Anaxagore ayant déjà les données précédentes, mais supposant la Terre plate et le Soleil à distance finie, voyait le triangle *SAB* rectangle en *B* et, trouvant $\widehat{SAT} = 7°12$, en déduisait $\widehat{SAB} = 82°48$, puis $SB \approx$ 6 500 km. Cette histoire semble tellement vraie qu'elle a été reprise dans certains programmes et manuels de physique français !

Archimède (–287 à –212)

Nous arrivons à celui qui est considéré comme le plus grand mathématicien et scientifique de l'Antiquité. Sa vie est très mal connue. Il est né à Syracuse, une ville de la côte est de la Sicile, grecque à cette époque. Tout le monde sait qu'il se serait écrié *Eurêka* et serait sorti tout nu de son bain en découvrant la poussée dite d'Archimède sur les corps immergés dans un fluide[10] et qu'il aurait inventé des engins dévastateurs pour les assiégeants de sa ville. Tout cela peut avoir été inventé ; aucun document sûr ne le prouve. Mais nous donnerons quelques exemples de ce moment « Eurêka », magique et mystérieux, où un mathématicien vit simultanément l'éblouissement de la découverte et la certitude de la vérité.

Le traité *De la sphère et du cylindre* contient plusieurs résultats importants et nouveaux : l'aire d'une sphère de rayon r est $4\pi r^2$, quatre fois l'aire d'un grand cercle, et son volume est $(4/3)\pi r^3$, etc. L'axiome dit d'Archimède est la cinquième demande du traité :

Parmi les lignes inégales, les surfaces inégales, les corps solides inégaux, le plus grand dépasse le plus petit d'une grandeur telle que, ajoutée à elle-même un nombre suffisant de fois, elle peut dépasser toute grandeur donnée ayant un rapport avec les grandeurs comparées entre elles.

Archimède va plus loin qu'Euclide dans le traité *La mesure du cercle*. Trois propositions seulement. La première établit par exhaustion (voir p. 36) que l'aire $\mathcal{A}(C)$ d'un cercle C de rayon r est égale à l'aire $\mathcal{A}(T)$ d'un triangle rectangle T dont les côtés de l'angle droit ont pour longueur r et la circonférence $2\pi r$ de C ; autrement dit, $\mathcal{A}(C) = r \times \pi r = \mathcal{A}(T)$. Superbe ! c'est la même constante qui lie rayon et circonférence, rayon et aire. Puis Archimède établit les fameuses inégalités

$$3 + \frac{10}{71} < \pi < 3 + \frac{1}{7} = \frac{22}{7},$$

en encadrant le cercle par des polygones réguliers de 96 côtés inscrits et circonscrits respectivement à C. Parmi les approximations de π par des fractions à numérateur et dénominateur entier, 22/7 est excellente ; avec des dénominateurs inférieurs à 105, on ne peut obtenir mieux.

En 1899, un universitaire grec découvre à Constantinople un palimpseste où un texte mathématique a été gratté pour être recouvert de prières ; il en publie quelques lignes. Elles attirent l'attention de Heiberg qui vient examiner le manuscrit en 1906. Il s'aperçoit qu'il s'agit de sept œuvres d'Archimède dont la *Méthode*, inconnue jusque-là. Il déchiffre ce qu'il peut et en fait la pièce centrale de son édition des années 1910 de l'œuvre d'Archimède. La suite est rocambolesque. Le manuscrit disparaît, volé sans doute. En 1998, nouveau rebondissement : le manuscrit, malheureusement abîmé, est mis en vente chez Christie par une famille française qui déclare l'avoir acheté à un bouquiniste de Constantinople en 1930. L'acheteur le confie à un musée de Baltimore[11], où il est depuis étudié avec toutes les techniques modernes afin de lire ce qui n'a jamais pu l'être ; des textes inconnus sont apparus. On a pu déterminer que le manuscrit date des années 850-900 et qu'il a été effacé vers 1229.

La méthode de pesée d'Archimède

Qu'un génie comme Archimède ait cru bon d'expliquer sa méthode de découverte est absolument unique et on peut être alléché. Il donne l'exemple de la détermination de l'aire d'un arc de parabole ABG où B est le sommet de la parabole et A et G sont symétriques par rapport à l'axe de la parabole (figure 2.5). N'ayant pas idée du résultat à trouver, Archimède met en place une sorte de *pesée* des segments OX. C'est une très belle idée, proche des méthodes de calcul intégral, mais les segments d'Archimède n'ont pas d'épaisseur. Archimède obtient que l'aire qu'il cherche serait les 4/3 de l'aire du triangle ABG. Il ajoute : *La proposition n'est, certes, pas démontrée par ce que nous venons de dire, mais elle donne une certaine idée que la conclusion est vraie.*

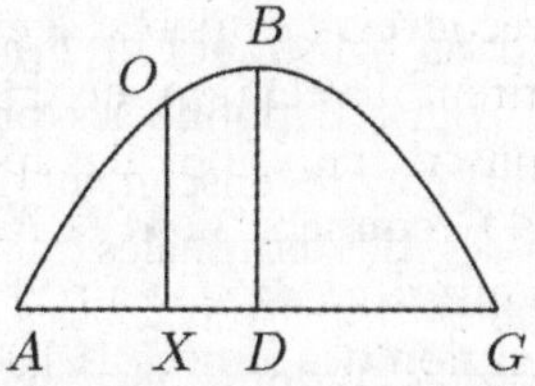

Figure 2.5. Méthode de pesée d'Archimède

D'autres mathématiciens grecs

Aristarque de Samos a vécu entre –310 et –230 environ. Comme Archimède l'explique dans l'*Arénaire*, il a fait l'hypothèse étonnante que le Soleil, beaucoup plus gros que la Terre, était fixe et que la Terre tournait autour de lui, en déduisant que les étoiles étaient nécessairement très éloignées de la Terre, puisque leurs positions ne changeaient pas quand la Terre effectuait une révolution. Sa théorie ne semble pas avoir rencontré beaucoup d'adhésion. L'observation de la Lune au premier quartier le conduit à estimer que la distance Terre-Soleil est entre 18 et 20 fois la distance Terre-Lune. Cette valeur n'est pas correcte à cause de la difficulté d'estimation des angles du triangle Terre-Lune-Soleil au moment du premier quartier, mais entreprendre cette estimation fut une belle idée.

Apollonius de Pergé (vers –260 à –190) est né à Pergé, sur la côte sud de la Turquie actuelle. De ses nombreuses œuvres, beaucoup sont perdues. On ne connaît que sept des huit livres de son traité sur les coniques[12]. C'est lui qui impose les noms des coniques *ellipse* (d'un verbe grec signifiant qu'il lui manque quelque chose pour être un cercle), *parabole* (pour être lancé à côté, le verbe *ballein* se retrouve dans balistique) et *hyperbole* (pour être lancé au-delà de tout). Il donne les propriétés des coniques qui étaient encore enseignées il y a cinquante ans dans les classes de terminales : constructions des tangentes, propriétés des foyers et des directrices, propriétés des asymptotes. Il donne également les propriétés des normales, des centres de courbure, des directions conjuguées. Les résultats d'Apollonius sont restés pendant très longtemps des résultats de mathématiques pures. Ils ont enfin été utilisés au début du XVIIe siècle, les ellipses pour modéliser le mouvement des planètes (lois de Kepler, voir p. 78) et les paraboles un peu plus tard pour modéliser la chute des corps dans les travaux de Galilée (voir p. 76), avec les applications à la balistique qui en résulteront.

Héron d'Alexandrie vivait autour de 62, comme nous le dévoile la date de l'une de ses observations. Il a beaucoup écrit. Dans les *Mêtriques*, il donne l'aire $\mathcal{A}$ d'un triangle en fonction des longueurs a, b, c des côtés :

$$\mathcal{A} = \sqrt{p(p-a)(p-b)(p-c)}$$

où $p = (a + b + c)/2$ est le demi-périmètre du triangle. Dans le même ouvrage, il explique comment obtenir une racine carrée de manière approchée.

Calcul d'une racine carrée : la méthode de Héron

Héron prend l'exemple du calcul de la racine carrée de $a = 720$. Il part de $u_0 = 27$, puisque $27^2 = 729$ est proche de a, et calcule $u_1 = (27 + 720/27)/2 = 26 + 1/2 + 1/3$. Comme $u_1^2 = 720 + 1/36$, u_1 est une bonne approximation de $\sqrt{a}$. Héron ajoute que, si nous voulons rendre la différence inférieure à 1/36, on prend u_1 à la place de u_0 et on fait le même calcul ; Héron suggère donc de calculer le troisième terme de la suite de nombres définie par récurrence par la formule $u_{n+1} = (u_n + a/u_n)/2$. Cette suite converge rapidement vers $\sqrt{a}$. C'est elle qui sert aujourd'hui dans nos calculatrices pour le calcul des racines carrées.

Claude Ptolémée (sans aucun rapport avec la dynastie des Ptolémée) a vécu à Alexandrie dans les années 100-150. Il met en place une description du système solaire à l'aide de cercles dans les 13 livres de sa *Composition mathématique*, titre que les Arabes vont transformer en l'*Almageste* (du grec *megiste* : le très grand). Dans ce système, c'est la Terre qui est immobile au centre du monde ; la Lune, Mercure, Vénus, le Soleil, Mars, Jupiter et Saturne tournent autour de la Terre. Pour rendre compte des mouvements réels, Ptolémée reprend une idée géométrique d'Apollonius : les planètes ont des orbites circulaires autour de points qui décrivent un cercle (le *déférent*) autour de la Terre, méthode qui donne de bonnes descriptions des mouvements et fait penser aux séries de Fourier. Jusqu'à Copernic (au moins), les conceptions de Ptolémée vont être dominantes.

Ptolémée est également le fondateur de la trigonométrie plane ; dans le livre I de l'*Almageste*, il donne une table des longueurs des cordes sous-tendant des angles au centre a dans un cercle de rayon $r = 60$ (la corde sous-tendant a est $2r\sin(a/2)$, a variant de 0 à 180 degrés avec un pas d'un demi-degré).

Pappus d'Alexandrie vivait probablement au début des années 300. Sa *Collection* est un vaste recueil de propositions recueillies dans des traités antérieurs, mais qu'on ne connaît parfois que par cet ouvrage : discussions autour de la duplication du cube, spirales et autres courbes, problème de la forme de la courbe de longueur donnée limitant la plus grande aire possible (en partant de la description des alvéoles des abeilles). Pappus accompagne ce recueil de démonstrations détaillées et ajoute ses propres résultats dont, au livre 7, des résultats qui annoncent la géométrie projective comme le suivant : *Étant données deux droites d et d', trois points A, B, C sur d, trois points A', B', C' sur d', les intersections M de (BC') et $(B'C)$, N de (CA') et $(C'A)$, P de (AB') et $(A'B)$ sont alignées.* Le cas où d et d' sont parallèles et le cas où d et d' sont concourantes sont énoncés successivement (figure 2.6).

Diophante (probablement IIIᵉ siècle après J. C.) est célèbre pour les 13 livres de ses *Arithmétiques* (voir le bel article : Schappacher Norbert, Diophante d'Alexandrie : un texte et son histoire *in* [**ACT-13**]). Six nous sont parvenus par des manuscrits grecs copiés à Byzance au XIIIᵉ siècle. Un miracle s'est produit en 1971 quand Roshdi Rashed découvrit qu'un texte mal référencé d'une bibliothèque de Meshed en Iran était en réalité une traduction en arabe des livres IV à VII, datant des années 870[13].

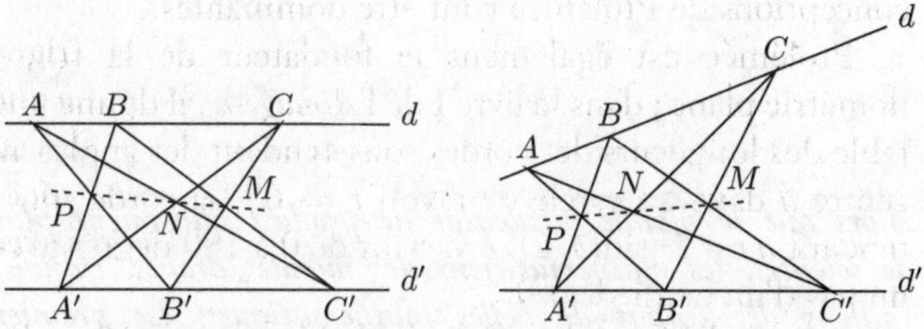

Figure 2.6. Les deux cas du théorème de Pappus.

Diophante pose des problèmes généraux (plus de 300), par exemple *Décomposer un carré donné en deux carrés* (II.8) qui propose la recherche de triplets pythagoriciens. Il n'en donne des solutions rationnelles[14], positives, parfois de grande taille, que dans des cas particuliers. Les nombres entiers fournissent des problèmes parfois extrêmement difficiles et profonds aux mathématiciens ; nous en reparlerons.

3

Années 600 à 1400

Alors que le monde occidental ne produit quasiment plus de sciences, les mathématiciens des mondes arabes, chinois, indiens découvrent de belles mathématiques. Le premier mathématicien occidental important, à la fin de cette époque, est Léonard de Pise ; il bénéficie des contacts du monde occidental avec le monde arabe.

Le développement de la civilisation arabe

Quand Mahomet (570-632) meurt, les armées arabes partent à la conquête du monde. En 711, elles traversent le détroit de Gibraltar (Gibraltar = djebel de Tar(ik ibn Ziyad), leur commandant). Elles sont stoppées en France dans les années 730 (la bataille de Poitiers a lieu en 732). L'empire arabe connaît un développement culturel et scientifique extraordinaire sous les règnes des califes Haroun al Rachid (règne : 786-809), Al Mamoun (règne : 813-833) et de leurs successeurs[1]. Le *Bayt al Hikma* (la *Maison de la sagesse*), institution récemment recréée, réunit des savants d'origines et de cultures diverses qui rassemblent les connaissances de leur époque, se procurent des manuscrits grecs et les traduisent. Dans les années 1100, la reconquête de l'Espagne a commencé. Les érudits du monde chrétien se précipitent à Tolède (*Je me hâtai de m'y rendre pour écouter les leçons des plus grands savants du monde*, écrit Daniel de Morley, 1140-1210), ville contact entre le monde chrétien et le monde musulman, pour y traduire en latin des dizaines de manuscrits arabes, certains leur donnant accès à des textes grecs. Parmi les 70 (environ) ouvrages traduits par Gérard de Crémone (vers 1114-1187) et son atelier figurent l'*Almageste* de Ptolémée, des traités d'Aristote et d'Apollonius, aussi bien que des textes d'auteurs arabes. Quant à Adélard de Bath (vers 1075-1160), il donne, entre autres, la première version latine des *Éléments* d'Euclide. La première traduction du Coran, à la demande du grand abbé de Cluny, Pierre le Vénérable (vers 1095-1156), qui veut disposer du texte pour mieux argumenter contre la religion musulmane, est réalisée autour de 1142.

Durant toute cette période, les mathématiques foisonnent dans le monde arabe[2]. Des disciplines proches se développent, comme l'optique des miroirs. L'astronomie est, bien sûr, la connaissance du ciel, elle nécessite des mathématiques, mais elle doit aussi résoudre précisément les problèmes que pose la religion : connaître la Qibla (la direction de La Mecque) en tous lieux, déterminer la date précise du début du ramadan (l'apparition du croissant de lune, aussi mince soit-il).

Al Khwarizmi (vers 790-840/850)

Le nom de Mohammed ibn Musa al Khwarizmi indique qu'il était fils de Moïse (Musa) et sans doute originaire du Khwarezm, une province de l'Ouzbékistan.

Le principal ouvrage mathématique d'Al Khwarizmi est *Al Kitab al Mukhtasar fi Hisab al jabr wa-l-Muqabala* : *Livre concis du calcul par les procédés du jabr et du muqabala*. Rédigé à l'époque d'al Mamoun, l'ouvrage traite des équations du second degré liant les dirhams, les racines et les carrés (correspondant à nos nombres, nos x et nos x^2). Al Khwarizmi a l'idée de les classer en six types différents, toujours en phrases comme : *Racines et carrés égaux à des nombres*, *Carrés et nombres égaux à des racines*, *Racines et nombres égaux à des carrés*, autrement dit $ax^2 + bx = c$, $ax^2 + c = bx$, $bx + c = ax^2$ avec $a, b, c > 0$ (les trois autres types sont plus faciles : $ax = b$, $ax^2 = b$, $ax^2 = bx$). Il montre comment les résoudre sur les exemples : $x^2 + 10x = 39$, $x^2 + 21 = 10x$, $3x + 4 = x^2$ (il préfère toujours se ramener au cas où $a = 1$), puis traite une trentaine d'équations comportant des difficultés de calcul diverses. Au lecteur de comprendre comment traiter d'autres exemples à partir de ceux-ci, mais tout ce qui relève de l'algèbre *doit te mener à l'un des six types que j'ai décrits dans mon livre*. Pour le premier et le troisième exemple, il donne une résolution identique à la babylonienne (2500 ans avant lui, voir p. 19), indiquant la méthode de calcul de la racine positive. Pour le second, il innove.

Autrement dit, Al Khwarizmi explique que, dans un problème du type $x^2 + c = bx$, si $(b/2)^2 > c$, il y a deux solutions, si $(b/2)^2 < c$, le problème est impossible et si $(b/2)^2 = c$, la solution est $b/2$. Il faut souligner l'importance de cette partie du travail d'Al Khwarizmi : pour la première fois, on considère qu'une équation du second degré peut avoir deux racines (une seule convient au problème concret dont elle provient) et le critère d'existence à l'aide du discriminant de l'équation est donné.

Résolution de l'équation $x^2 + 21 = 10x$

Divise en deux les racines ; ce qui donne 5 ; multiplie 5 par lui-même, tu obtiens 25 ; retire les 21 qui sont ajoutés au carré ; il reste 4 ; extrais la racine, cela donne 2, et retire-la de la moitié de la racine, c'est-à-dire de 5 ; il reste 3 ; c'est la racine du carré que tu cherches et le carré est 9. Si tu le désires, ajoute cela à la moitié de la racine, ce qui donne 7, qui est la racine du carré que tu cherches et le carré est 49. Si tu rencontres un problème qui se ramène à ce cas, examine alors sa justesse à l'aide de l'addition ; si tu ne le peux, tu obtiendras certainement (la solution) à l'aide de la soustraction. Parmi les trois cas dans lesquels on doit diviser en deux les racines, c'est le seul où l'on se serve de l'addition et de la soustraction. Sache en outre que si, dans ce cas, tu divises en deux la racine, que tu la multiplies par elle-même et que le produit soit plus petit que les dirhams qui sont ajoutés au carré, alors le problème est impossible. Mais s'il est égal aux dirhams, la racine du carré est égale à la moitié de la racine, sans qu'on ajoute ou retire quoi que ce soit.

Al Khwarizmi passe de l'équation :

$$4x^2 - 2x + 3 = 3x^2 + 2$$

à l'équation

$$4x^2 + 3 = 3x^2 + 2x + 2$$

par *al jabr*, mot qui exprime, en arabe, l'idée de remplissage ou de réduction d'une fracture. C'est l'opération consistant à ajouter aux deux membres d'une équation le même terme afin de faire disparaître les termes affectés du signe −. Ce mot, ayant été conservé tel quel dans les premières traductions latines, est à l'origine du mot *algèbre*.

Un ouvrage probablement ultérieur d'Al Khwarizmi explique, pour le monde arabe, l'invention indienne du zéro[3]. Il contient un premier exposé du système décimal et décrit l'usage d'un petit cercle pour noter l'absence d'unités, de dizaines, de centaines... À partir de 1143, ce livre est à son tour traduit en latin à de très nombreuses reprises et diffusé dans toute l'Europe par des manuscrits appelés *algorismus*, déformation d'Al Khwarizmi, mot qui donne algorithme et a pris le sens de *procédé de calcul*. Le signe rond est alors appelé *circulus* ou *cifre*, transcription de l'arabe *as-sifr*. Le mot deviendra *chiffre* en français, *zéro* en italien. Attention, ce signe rond est un signe d'absence et non le signe représentant le nombre 0 dont Brahmagupta (598-670) avait énoncé les propriétés.

Omar Khayyam (1048-1131)

Omar Khayyam vit à une époque de guerres entre les Turcs seldjoukides, convertis à l'islam sunnite, et les chiites d'Iran et d'Irak (les tensions entre les deux communautés sont anciennes et remontent à la mort de Mahomet). Il est astronome, mathématicien, philosophe. Beaucoup de livres le disent aussi poète, auteur de nombreux et célèbres quatrains, mais aucun document ancien ne permet d'identifier le poète et le mathématicien selon Roshdi Rashed. Faut-il être prudent ? Je cite tout de même un vers traduit, lu par hasard ou presque, du poète qui aimait le vin, l'amour :

Qui t'amène vive comme le vent pour attiser le feu déjà ardent en ton absence.

Le traité d'algèbre d'Omar Khayyam (écrit vers 1074) est connu par 10 manuscrits, aucun n'étant l'original[4].

Le problème des dimensions

Omar Khayyam est conscient du problème des dimensions créé par l'interprétation géométrique des nombres comme segments, des produits de deux nombres comme rectangles ; les produits de produits devraient correspondre à des objets de dimension 4 : *Et si l'algébriste emploie le carré-carré dans les problèmes de géométrie, c'est métaphoriquement, et non pas proprement, étant donné qu'il est impossible que le carré-carré fasse partie des grandeurs. Ce qui se trouve dans les grandeurs, c'est d'abord une seule dimension, c'est-à-dire la seule racine, ou, rapporté à son carré, le côté. Puis les deux dimensions, c'est-à-dire la surface... enfin les trois dimensions, c'est-à-dire le corps... comme il n'existe aucune autre dimension, ne font partie des grandeurs ni le carré-carré ni, à plus forte raison, ce qui lui est supérieur.*

Pour contourner la difficulté, il homogénéise : *Et toutes les fois que dans ce traité nous disons : un nombre est égal à une surface, nous entendons par le nombre un quadrilatère à angles droits, dont l'un des deux côtés est un et l'autre une droite égale en mesure au nombre donné... Et toutes les fois que nous disons : un nombre est égal à un solide, nous entendons par nombre un parallélépipède rectangle, dont la base est le carré de l'unité et dont la hauteur est égale au nombre donné.*

Le sujet du traité est l'étude détaillée des équations du troisième degré. Omar Khayyam cite Al Khazin (vers

900-971) qui aurait résolu cette équation avec des sections coniques. Ne considérant que des coefficients strictement positifs, Omar Khayyam distingue 25 cas dont 11 se ramènent à des équations de degré inférieur (équations de degré inférieur ou égal à 2 et équations sans termes constants). Il reste 14 cas où Omar Khayyam obtient les solutions positives par intersection de coniques : cercles, paraboles ou hyperboles.

Par exemple, pour $x^3 + ax = b$, Omar Khayyam obtient la solution comme longueur d'un segment construit à l'aide de l'intersection (distincte de 0) de la parabole $y = x^2/\sqrt{a}$ et du cercle $x(x - \frac{b}{a}) + y^2 = 0$.

Pour la solution algébrique des équations du troisième degré, Omar Khayyam est laconique : *Elle n'est possible ni pour nous, ni pour aucun de ceux qui sont passés maîtres en cette science. Peut-être qu'un de ceux qui viendront après nous la réalisera.*

D'autres mathématiciens du monde arabe

Abu Ali al Hassan ibn al Haytham (vers 965-1041) est connu en Occident sous le nom d'Alhazen, forme latine de son second prénom. Il est né à Bassorah. Ses textes les plus connus portent sur l'optique ; il dissèque des yeux, explique que la lumière se reflète sur les objets et pénètre dans l'œil (Ptolémée pensait que c'était l'œil qui envoyait de la lumière sur les objets), pose le problème de déterminer le point de réflexion d'un rayon lumineux sur un miroir sphérique ; on lui attribue l'invention de la chambre noire. Il a des idées sur l'attraction réciproque de deux corps en fonction de leur masse. Il cherche à montrer que les nombres parfaits pairs sont tous de la forme donnée par Euclide (voir p. 35). Il affirme l'existence des objets mathématiques comme les lignes, les surfaces et les solides dans le domaine des idées, en faisant abstraction des objets concrets : *ceux qui existent pour les sens n'existent pas en vérité car les sens trompent souvent sans que l'opérateur le décèle* alors que *ceux qui existent en imagination existent vraiment et absolument...* Al Haytham utilise beaucoup le mouvement ; par exemple, il définit une droite comme une ligne qui ne change pas si on la fait tourner autour de deux quelconques de ses points. Sa tentative de démonstration du cinquième postulat échoue car il s'appuie sur la proposition équivalente : *L'ensemble des points équidistants d'une droite et d'un même côté est une droite.*

Nasir al Din al Tusi (1201-1274) a été un grand astronome, disposant d'un observatoire construit par le petit-fils de Gengis Khan (1155/62-1227). Ses observations du mouvement des planètes et de la précession des équinoxes sont très précises. Son étude des équations du troisième degré innove ; il classe les 25 cas d'Omar Khayyam suivant le nombre de leurs racines réelles positives (il ne reconnaît pas les racines négatives). Il fait une étude géométrique soigneuse, étudiant dans chaque cas les conditions d'existence d'une solution. Il est amené à chercher un point où un polynôme est maximum, introduit ce que nous reconnaissons comme étant la valeur d'une dérivée et étudie le signe du polynôme au voisinage de ce point. Un gros travail.

Ghiyath Al Kashi (autour de 1380-1430, né à Kashan, en Iran) est un mathématicien perse connu par sa formule de trigonométrie du triangle : $a^2 = b^2 + c^2 - 2bc\cos\widehat{A}$. Lui aussi a pu faire des observations astronomiques précises grâce au magnifique observatoire construit à Samarkand par le prince mongol Ulug Beg (1393-1449). Il obtient

$\sin 1°$ en base 60 avec une précision de 60^{-10}, en utilisant une méthode itérative ; il calcule π avec la même précision, en 1424, avec des polygones réguliers inscrits et circonscrits à un cercle, ayant 3×2^{28} côtés. Ce sont des tours de force remarquables à son époque. Enfin, Al Kashi expose l'usage des fractions décimales.

Vous pourrez aussi admirer la richesse des mathématiques du monde arabe en visitant l'Alhambra, le château aux reflets rouges de Grenade. Les mosaïques ont sans doute près de 700 ans. Leurs motifs géométriques correspondent à la liste complète des dix-sept groupes de symétries pour paver le plan (groupes dits *de papiers peints*), établie en 1891.

Mathématiques indiennes

Nous sommes redevables aux mathématiciens indiens de notre écriture des nombres avec le 0, qui nous a été transmise par le monde arabe comme nous l'avons raconté ci-dessus (voir p. 50).

Aryabhata (476-550) résout des équations en nombres entiers de la forme $ax - by = c$, donne $62\,832/2\,000 = 3,1416$ comme approximation de π (sans dire comment il l'obtient).

Cent ans plus tard, les mathématiciens indiens ont compris tout ce qui touche aux nombres négatifs. Brahmagupta (598-670) les définit comme des dettes, donnant des règles comme 0 moins une dette est une fortune ou la règle des signes sous la forme : *une dette multipliée par une dette est une fortune*. Mais les nombres négatifs ne sont pas acceptés comme solutions d'équations.

Brahmagupta nous étonne aussi par ses remarques sur les équations en nombres entiers dites de (Pell)-Fermat (voir p. 88) où il s'agit de trouver des couples d'entiers tels que

$$x^2 - dy^2 = m$$

pour certaines valeurs de d, supposé être un entier sans facteur carré, et de $m \neq 0$.

Brahmagupta part de l'identité :

$$(x^2 - dy^2)(z^2 - dt^2) = (xz \pm dyt)^2 - d(xt \pm yz)^2$$

pour produire des solutions à partir d'autres solutions (il appelait cela *bhavana*, production en sanscrit). Plus tard, Bhaskara (1114-1185) développe une méthode dite *cakravala* (*cakra* est la roue en sanscrit) pour obtenir des solutions de l'équation pour $m = 1$ et pour des valeurs particulières de d. Par exemple, pour $d = 61$, il trouve une infinité de solutions à partir de la solution $x = 1\,776\,319\,049, y = 226\,153\,980$. On a l'impression que les mathématiciens indiens avaient la certitude qu'en persévérant, leur *cakravala* pouvait toujours les conduire à une solution.

Mathématiques chinoises

L'histoire des mathématiques chinoises est très riche[5]. Mais notons d'abord que les activités du Bureau de l'astronomie étaient essentielles pour l'empereur et sa dynastie : le Bureau était responsable du calendrier et de la prédiction des différents phénomènes astronomiques afin de permettre que les rites du monde humain et les événements du cosmos soient en harmonie. Des imprécisions pouvaient s'interpréter comme des signes de crise, comme cela eut lieu vers la fin de la dynastie Ming au XVIe siècle.

Le premier classique des mathématiques chinoises est ce qu'on appelle *Les neuf chapitres*, le *Jiuzhang suanshu*, livre écrit il y a deux mille ans environ. Avec les commentaires achevés par Liu Hui en 263 et ceux ajoutés en 656, il était l'ouvrage de base pour sélectionner les fonctionnaires de l'Empire[6]. Chacun des neuf chapitres présente des problèmes regroupés par thèmes sans toujours beaucoup d'unité ; chaque énoncé de problème est suivi de la réponse, une quantité numérique, et d'une procédure ; les commentaires de 656 sont rituellement annoncés par : *Li Chunfeng et ses associés commentent respectueusement*.

Les premiers chapitres réunissent des exercices de partage de champs, de calculs de fractions, d'intérêts, de partages proportionnels, des problèmes se ramenant (pour nous) à une équation linéaire et dont on trouve la solution par la méthode de la double fausse position (on prend deux valeurs, un peu au hasard en général, on n'obtient pas le résultat, mais on le fabrique à partir des deux valeurs choisies au départ), des formules de volume. Le chapitre 4 propose des exercices de proportionnalité (les calculs sont parfois décourageants !), puis des extractions de racines carrées et de racines cubiques. Liu Hui indique qu'on peut s'approcher de plus en plus du résultat, jusqu'à ces petits nombres qui n'ont pas de nom.

Le chapitre 8 est le plus novateur, regroupant une série de résolutions de systèmes linéaires (jusqu'à six inconnues) où l'accent est mis sur une méthode de résolution, la méthode *Fangcheng* qui est celle de l'élimination successive des inconnues, autrement dit la méthode de Gauss. En voici un exemple. *Supposons qu'un directeur, 5 officiers secondaires et 10 laquais mangent 10 poulets ; 10 directeurs, un officier secondaire et 5 laquais mangent 8 poulets ; 5 directeurs, 10 officiers secondaires et un laquais mangent 6 poulets.* La question est claire. La réponse ne doit pas être facile à mettre en œuvre : un directeur mange 45/122 de poulet ; un officier secondaire mange 41/122 de poulet ; un laquais mange 97/122 de poulet.

Le triangle de Pascal (voir p. 95) apparaît dans un ouvrage de Zhu Shijie de 1303. Les lignes du triangle sont données jusqu'à celle des coefficients de $(a+b)^8$. On notera un lapsus calami dans la ligne de $(a+b)^7$, où un 35 est écrit 34.

Le problème des restes, qui conduit au théorème chinois de nos livres d'algèbre, est posé par Sunzi (vers 300 ou 400) : *Des objets en nombre inconnu. On les compte par 3, il en reste 2 ; par 5, il en reste 3 ; par 7, il en reste 2. Combien d'objets ?* La solution est énigmatique, mais se comprend bien quand on connaît le théorème qu'on appelle justement le théorème chinois. *En comptant par 3, il en reste 2 : poser 140 ; en comptant par 5, il en reste 3 : poser 63 ; en comptant par 7, il en reste 2 : poser 30. Faire la somme de ces trois nombres : 233. Soustraire 210 ; la réponse est 23.*[7]. On trouve aussi ce type de problème dans les mathématiques indiennes dès Aryabhata, dans les mathématiques arabes et dans Léonard de Pise.

Léonard de Pise (vers 1170-après 1240)

Au XIIe siècle, les marchands pisans cherchaient à conquérir des parts de marché autour de la Méditerranée. Le père de Léonard les représente à Bougie (Bejaia, en Algérie) et son jeune fils, qui l'accompagne, en profite pour se familiariser avec la numération arabe, comme il l'explique dans son premier texte, le *Liber abaci*, écrit en 1202[8].

C'est aussi dans le *Liber abaci* que Léonard utilise des lettres comme notations, ébauche de symbolisme, et présente le système de calcul des Indiens avec neuf chiffres et le zéro[9], en montrant les avantages pour les calculs du commerce comme il l'avait fait pour aider son père.

La suite de Fibonacci

C'est dans le *Liber abaci* qu'apparaît la suite que nous appelons suite de Fibonacci : 1, 1, 2, 3, 5, 8, 13, 21, 34, 55, 89, 144, etc. Léonard imagine qu'un couple de lapins engendre régulièrement tous les mois un couple de petits lapins capables, deux mois plus tard et les mois suivants, d'engendrer à leur tour un couple de lapins. Au départ, il y a un seul couple de lapins ; le mois suivant, toujours un, le mois suivant, deux, etc. En appelant F_n le nombre de couples au début du n-ième mois, la relation de récurrence est $F_{n+2} = F_{n+1} + F_n$. Léonard est réaliste et s'arrête au bout d'un an. Si l'on veut continuer, il faut supposer les lapins immortels... et infatigables.

Les différents textes de Léonard de Pise n'auront qu'une diffusion restreinte (l'imprimerie n'existait pas alors) ; certains sont perdus. Le *Livre des Carrés* et le *Flos* ont été retrouvés dans les années 1850 par le prince Baldassare Boncompagni (1821-1894) à la bibliothèque ambrosienne de Milan.

Un problème de Léonard

Dans *Flos super solutionibus quarumdam questionum ad numerum et ad geometriam pertinentium*, Léonard explique qu'il s'agit de questions *épineuses* et *exposées d'une manière fleurie* ayant beaucoup d'applications. Il montre que l'équation $x^3 + 2x^2 + 10x = 20$ n'a pas de solution entière, ni rationnelle, ni une racine carrée de rationnel et donne (sans qu'on sache comment il l'a obtenue) une remarquable approximation sexagésimale de l'unique racine réelle : $1, 22\ 7\ 42\ 33\ 4\ 40^{10}$ (valeur donnant dix décimales exactes).

4
À l'époque de la Renaissance, en Italie et en France

La Renaissance italienne découvre la représentation en perspective centrale, une révolution dans la peinture que la géométrie explique. L'imprimerie se développe dans la seconde moitié du XVe *siècle. Elle permet aux mathématiciens européens de connaître les œuvres des grands auteurs grecs. La première édition des* Éléments *d'Euclide date de 1482 ; elle est en latin, traduite de sources arabes. Elle sera suivie de beaucoup d'autres. Les* Œuvres complètes *d'Archimède sont éditées en 1544. En Italie encore, les efforts d'algébristes comme Luca Pacioli ouvrent la voie à la résolution de l'équation du troisième degré et à la découverte des nombres complexes. L'invention du calcul littéral, par François Viète, est une révolution dans les mathématiques.*

Représentation en perspective

Quand je parle de perspective dans cette section, il s'agit de la représentation mise au point par les artistes de la Renaissance italienne au XVe siècle avec les propriétés géométriques de la perspective centrale pour représenter les éléments situés derrière le tableau en des points précis de celui-ci. Dans la figure 4.1, le point de fuite principal F est le point de fuite des droites perpendiculaires au tableau $\mathcal{T}$; c'est la projection de l'œil O du peintre. La demi-droite $[BM)$ est représentée par le segment ouvert $[BF[$. La distance de O à l'un des points de fuite (comme F') des droites horizontales faisant un angle de 45 degrés avec le tableau donne la distance de l'œil du peintre au plan du tableau : $OF = FF'$. La demi-droite $[AM)$ est représentée par le segment ouvert $[AF'[$. Si le point M du plan $\mathcal{P}$ est à l'intersection de la demi-droite $[BM)$ perpendiculaire au tableau et de la demi-droite $[AM)$ faisant un angle de 45 degrés avec le tableau, son image m est l'intersection des images $[BF[$ et $[AF'[$ de ces deux demi-droites.

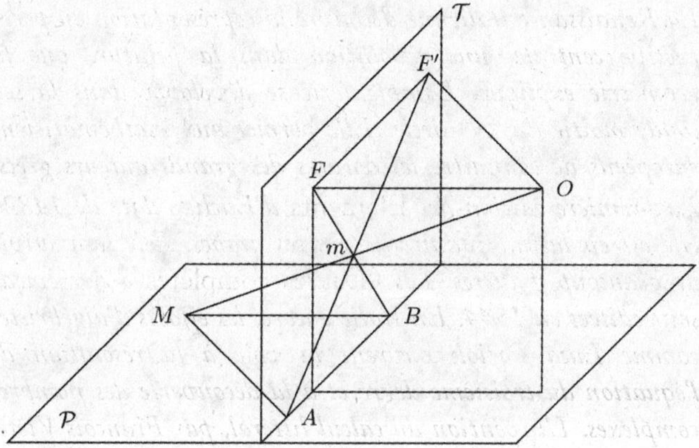

Figure 4.1. Point de fuite principal F et point de distance F'

Avant ces constructions géométriques, on pouvait créer des effets de perspectives. La représentation des pattes arrières des vaches dans la grotte de Lascaux en donne un exemple. Parmi les innombrables peintures du Tassili, on trouve parfois des chars représentés en perspective, avec l'essieu de biais et les deux roues inégales, celle éloignée plus petite que celle plus proche. Dans des fresques romaines, les sujets éloignés sont dessinés plus petits, leurs contours sont moins nets, leurs couleurs plus pâles. Dans ses fresques de Padoue ou d'Assise, Giotto di

Bondone (1267-1337) donne une dimension expressive et dramatique nouvelle en peinture ; mais les tailles des objets et des bâtiments ne sont pas cohérentes avec celles des personnages et les arêtes ne sont absolument pas dessinées en perspective.

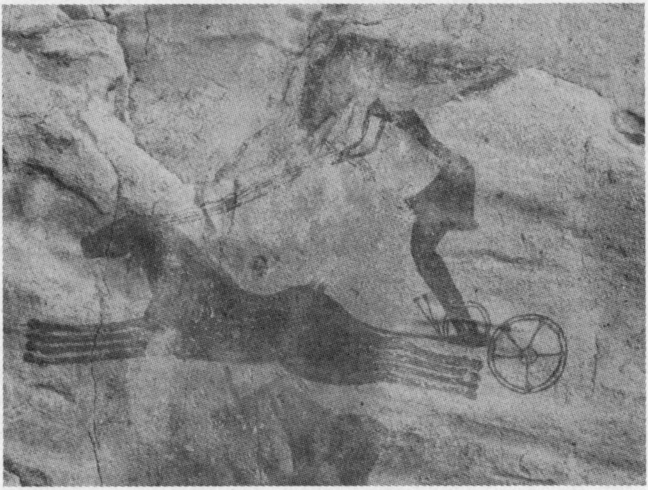

Figure 4.2. Homme conduisant un char, abri de Tamajert, sans doute entre 0 et –500. © Marie-Jean Nezondet.

Les premiers tableaux en perspective auraient été peints par l'architecte du Dôme de Florence, Filippo Brunelleschi (1377-1446), vers 1411 ; ils sont perdus. Son ami Donatello (1386-1466) utilise des techniques de perspective centrale dans des bas-reliefs autour de 1415. Un tableau de 1427 (environ), la *Trinité* de Masaccio (1401-1428), accroché dans l'église Santa Maria Novella de Florence, contient une voûte en perspective (pas exacte en réalité), dessinée peut-être par Brunelleschi ; il n'est pas difficile de trouver le tableau, il y a toujours un groupe de touristes devant, un guide à la main, regardant *le premier tableau peint en perspective*.

Leone Battista Alberti (1404-1472) est un des grands humanistes de son époque, un architecte connu (c'est lui qui dessine la façade de Santa Maria Novella). Il disait des mathématiques que *rien ne l'aidait plus à chasser la tristesse*. Dans son *De pictura*[1] de 1435, il décrit une technique de construction de l'image d'un *carrelage* du plan $\mathcal{P}$ dont les carreaux sont rangés parallèlement à la droite (AB), à l'aide d'une vue de face et d'une vue de côté, comme on le fait en dessin industriel (figure 4.3). L'œil du peintre est en O, le point de fuite des droites perpendiculaires au tableau est en F. Les hauteurs des lignes a, b, c, d représentant les bords des rangées du carrelage vus de côtés en A, B, C, D sont obtenues dans la figure de gauche et des droites de rappel les reportent dans la figure de droite. Avant Alberti, les peintres utilisaient pour construire ces lignes une règle empirique : tracer a à une certaine hauteur, puis les lignes suivantes en réduisant à chaque fois la hauteur du tiers. Cette règle inexacte donnait des diagonales formant une sorte de spirale caractéristique et justement,

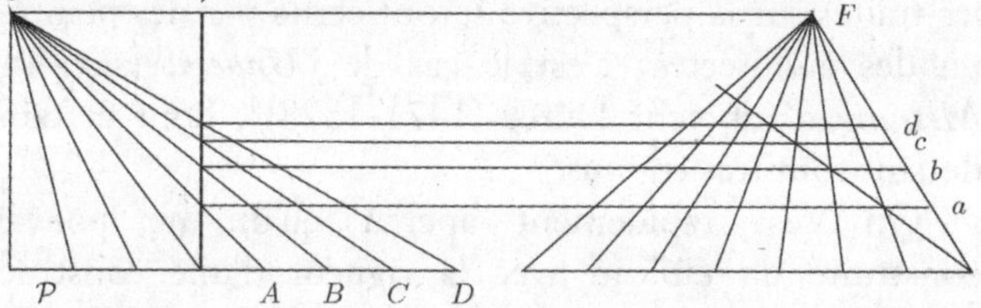

Figure 4.3. Construction de l'image d'un carrelage par Alberti

Alberti, pour prouver sa construction, indique qu'il faut tracer les diagonales des images des carreaux pour vérifier leur alignement. Devant un tableau comportant un carrelage, il est très facile de retrouver les points F et F' et d'en déduire la position exacte de l'œil du peintre, endroit d'où il faudrait regarder le tableau ; exercez-vous dans les musées.

À partir des années 1440, la technique de la perspective centrale est le plus souvent parfaitement maîtrisée par les peintres, mais on peut encore trouver des tableaux fautifs. On peut admirer, par exemple, les *Annonciations* de Domenico Veneziano (vers 1400/1410-1461), peinte en 1445, ou de Fra Angelico (1387-1455), peinte en 1450 et qui vous saisit au tournant de l'escalier du couvent de San Marco à Florence. En 1470, Piero della Francesca (vers 1420-1492) et Francesco della Cossa (1435-1477) tirent parti de la perspective d'une manière prodigieuse dans des *Annonciations* où l'ange Gabriel et la Vierge ne se voient pas parce que des colonnes les en empêchent, ce qui ne s'aperçoit qu'après une analyse minutieuse des tableaux[2]. Piero della Francesca est peintre et théoricien. On a pu retrouver ses traits de construction à Arezzo lors de restaurations et il a rédigé dans le style euclidien un beau traité, *De la perspective en peinture*[3]. Pendant près de deux siècles, les traités sur la perspective seront écrits par des peintres ou des architectes ; c'est le cas de l'*Underweysung der Messung* d'Albrecht Dürer (1471-1528)[4], dont certains dessins sont très connus.

On s'est rapidement aperçu qu'on ne pouvait construire un tableau avec la rigueur d'une construction géométrique, car si le peintre peint son tableau avec un œil fixe, celui qui le regarde se déplace. Dans une représentation de carrelage, les carreaux et les cercles sur les côtés apparaissent comme des trapèzes ou des ellipses étirés et inclinés. Dans *La Cène*, les assiettes devant les apôtres assis aux extrémités de la table ne peuvent être représentées ainsi, sinon nous aurions l'impression que leur contenu pourrait se répandre sur la table... ; le peintre doit donc dessiner des ellipses fausses du strict point de vue de la perspective. De même, les auréoles des saints sont presque toujours représentées par des cercles, quelles que soient les orientations et la position des visages.

Il est cependant des cas où le peintre peut tirer partie de la position de son œil, comme celui des trompe-l'œil où l'on impose à l'œil du spectateur une position bien précise. Des exemples fabuleux sont ceux des peintures d'Andrea Pozzo (1642-1709) dans l'église Saint-Ignace-de-Loyola de Rome : en s'avançant, une coupole se révèle n'être qu'un tableau (restauré en 1963) sur un plafond horizontal à 34 mètres de hauteur et la grande voûte entièrement peinte de l'église doit être vue du centre de la nef pour que les colonnes monumentales de l'architecture aérienne imaginée par Pozzo ne paraissent pas basculer dangereusement. Voyez aussi les peintures sur le trottoir de Julian Beever (né en 1959).

La perspective centrale domine la peinture pendant plus de quatre siècles. D'autres chemins s'ouvrent au début du XXe siècle, avec, en particulier, le fameux tableau de Picasso (1881-1973) des *Demoiselles d'Avignon* (le nom vient de la rue d'Avinyó, qui abritait un bordel de Barcelone proche du lieu où logeait l'artiste).

Quant aux anamorphoses, tout le monde se souvient de cette tête de mort qui ne s'aperçoit que quand on quitte le tableau *Les ambassadeurs* de 1533 de Holbein (1497-1543), si parfaitement et subtilement peint, et qui nous rappelle la vanité de notre condition de mortel.

Nicolas Chuquet (1445 ?-1488)

Deux mathématiciens moins connus vont nous permettre de parler de millions et de milliards.

Nicolas Chuquet est né à Paris et a passé les dernières années de sa vie à Lyon. Il écrit le premier traité d'algèbre français, le *Triparty en la science des nombres* et un traité de géométrie pratique. Un de ses voisins, Estienne de la Roche (1470-1530), récupère le *Triparty*, en change le titre et le publie sous son nom en 1520. Le texte original de Chuquet est retrouvé après 1870 et enfin publié ; il comportait des annotations de la main même de de la Roche !

Le *Triparty* s'appuie sur toute une tradition des traités d'arithmétique marchande. Il innove en algèbre ; Chuquet utilise des exposants entiers positifs, négatifs ou nuls (avec $x^0 = 1$) ; il énonce la règle des produits de puissances : $x^{m+n} = x^m \times x^n$; ses notations sont agréables : $1\,225\ p\ 148^2$ signifie $1\,225 + 148x^2$ et 8^3 par 7^{1m} égal 56^2 signifie : $8x^3 \times 7x^{-1} = 56x^2$.

Chuquet est aussi à l'origine de nos usages pour nommer les grands nombres, imposant les préfixes correspondant aux puissances du million : billion pour $(10^6)^2$ (1 suivi de 12 zéros), trillion pour $(10^6)^3$ (1 suivi de 18 zéros)... *le huytième ottyllion, le neufième nonyllion et ainsi des aultr's se plus oultre on vouloit proceder. Idem lon doit sauoir que ung million vault mille milliers de unitez, et ung byllion vault mille milliers de millions. Et tryllion vault mille milliers de byllions.* Ce système est aujourd'hui menacé par un autre système (adopté vers 1800 aux États-Unis) où le mot billion correspond à notre milliard et le mot trillion à notre billion, mais cela ne gêne pas les économistes et les journalistes !

Jacques Peletier du Mans (1517-1582)

Jacques Peletier du Mans est un poète (il est membre de la *Pléiade*), un grammairien (il propose une réforme de l'orthographe), un traducteur des *Éléments* d'Euclide ainsi que l'auteur d'un livre d'algèbre (en 1554, en français dans l'orthographe qu'il a mis au point) où il utilise des lettres. C'est lui qui propose d'appeler milliard le nombre 10^9. C'est un auteur exigeant, ami des plus grands, voyageur, merveilleux de fraîcheur ; en voici quelques strophes.

À ceux qui blâment les mathématiques

Tant plus je vois que vous blâmez
Sa noble discipline,
Plus à l'aimer vous enflammez
Ma volonté encline.

Le ciel orné de tels flambeaux
N'est-il point admirable ?
La notice de corps si beaux
N'est-elle désirable ?

Car que chaut-il à qui l'honore
Qu'elle soit contemnée (méprisée) ?
Science, de cil qui l'ignore,
Est toujours condamnée.

Équation du troisième degré et introduction des nombres complexes

Nous avons vu que ni Omar Khayyam ni Nasir al Din al Tusi n'avaient pu trouver de solution algébrique aux équations du troisième degré (voir p. 51). Personne ne fit mieux pendant les siècles suivants. C'est Scipione del Ferro (1465-1526) de Bologne qui y parvint enfin en

1515, date bien connue dans notre pays. Cette découverte, qui a attendu si longtemps, tient en une simple astuce de calcul. Il ne faut pas oublier qu'à cette époque le calcul littéral n'existait pas et qu'on écrivait *Quand les cubes et les inconnues sont égaux à des nombres* pour une équation de la forme $x^3 + px = q$ et qu'on ne discutait que sur des exemples numériques. Scipione del Ferro consigne sa découverte mais ne la publie pas. Jérôme Cardan (1501-1576) en prend connaissance en 1539 : c'est une histoire rocambolesque. Son élève, Lodovico Ferrari (1522-1565), résout alors l'équation du quatrième degré (1540). Cardan explique la résolution de l'équation du troisième degré dans L'*Ars Magna* (1545) et présente, sans se justifier, les premiers calculs menés avec des racines de nombres négatifs[5]. La première phrase n'oublie pas Al Khwarizmi : *Cet art a son origine chez l'Arabe Mahomet fils de Moïse, d'après le témoignage digne de confiance de Léonard de Pise.*

La résolution de l'équation du troisième degré

Écrivons l'équation $x^3+px+q=0$, avec nos notations algébriques et un 0 dans le second membre. On pose $x=u+v$, avec $3uv+p=0$, ce qui conduit à un système qui donne u^3 et v^3 comme solutions d'une équation du second degré, puis à la formule de Cardan :

$$x=\sqrt[3]{-\frac{q}{2}+\sqrt{\frac{q^2}{4}+\frac{p^3}{27}}}+\sqrt[3]{-\frac{q}{2}-\sqrt{\frac{q^2}{4}+\frac{p^3}{27}}} \qquad (E).$$

Sans formalisme algébrique, cette astuce n'était pas facile à apercevoir. Le langage géométrique de Cardan, avec des cubes, des rectangles, des segments, rend les explications difficiles.

Une chose est vraiment choquante dans la formule E : quand on cherche à l'appliquer à des équations ayant trois racines réelles, on s'aperçoit que la quantité $\frac{q^2}{4} + \frac{p^3}{27}$ est toujours négative ; la formule E propose donc l'extraction d'une racine carrée de nombre négatif pour calculer des nombres réels, ce qui paraît absurde ! Ce cas est appelé *cas irréductible*. Quand Cardan donne un exemple de ce cas, il triche, devine l'une des solutions et arrive à une équation du second degré pour les deux autres. Mais il a dû y réfléchir, car il propose un exercice très curieux. Il s'agit de la recherche de deux nombres de somme 10, de produit 40, ce qui conduit à l'équation $x^2 - 10x + 40 = 0$; Cardan reconnaît l'impossibilité de satisfaire l'équation, mais propose une solution *sophistiquée* : $5 \pm \sqrt{-15}$, où apparaît la racine carrée d'un nombre négatif.

C'est Raphaël Bombelli (1526-1572 env.), un ingénieur qui s'occupe de grands projets d'assèchement de marais, qui comprend comment manier les nombres complexes. Il introduit le module, le conjugué, les parties réelles et imaginaires d'un nombre complexe. Il pose, sous forme de madrigal, les règles du *plus que moins*, comme il appelle $\imath = \sqrt{-1}$[6] :

Piu di meno via piu di meno, fa meno
Piu di meno via men di meno, fa piu
Men di meno via piu di meno, fa piu
Men di meno via men di meno, fa meno.

Il montre l'utilité de ces nombres pour la résolution de l'équation $x^3 = 15x + 4$, pour laquelle la formule de Cardan donne :

$$x = \sqrt[3]{2 + \sqrt{-121}} + \sqrt[3]{2 - \sqrt{-121}},$$

en trouvant (après un tour de passe-passe, hélas) que $a = 2$, $b = 1$ sont tels que

$$a + \imath b = \sqrt[3]{2 + \sqrt{-121}}$$

et en en déduisant

$$x = (2 + \imath) + (2 - \imath) = 4,$$

ce qui est tout de même plus agréable que la valeur initiale.

Il rédige *L'algebra* (1572) dans un style simple et fluide, s'inquiètant du niveau de ses lecteurs, cherchant à montrer aux uns des exemples simples, aux autres des résultats plus difficiles.

Les nombres complexes sont donc nés dans le contexte bien précis de la résolution de l'équation du troisième degré. Jean Leray écrit à ce propos : *Quand, au* XVIe *siècle, Cardan ose calculer avec des nombres imaginaires, peut-il pressentir qu'ils seront indispensables, trois cents ans plus tard, au calcul des réseaux transportant l'énergie électrique ? Quand il invente, en mécanique, les joints portant son nom, peut-il soupçonner qu'il rend possible l'industrie automobile ?*

François Viète (1540-1603)

Viète est né dans une famille aisée de Fontenay-le-Comte, en Vendée[7]. Il raconte qu'il a étudié les mathématiques seul, en amateur : *moi... que l'étude des mathématiques charme, quand j'ai du temps libre*. Ses qualités le conduisent à être un des personnages importants du royaume, conseiller de Henri III (1551-1589), puis de Henri IV (1553-1610).

En 1579, Viète publie un traité de trigonométrie avec des tables très précises, les méthodes pour les obtenir, une formule donnant $\sin nx$, une valeur approchée de π avec neuf décimales exactes obtenue avec la méthode d'Archimède pour le polygone régulier à $393\,216 = 3 \times 2^{17}$ côtés, une notation des nombres séparant les parties entières et décimales, etc.

Le décryptage des messages espagnols

Fin 1589, quand les combats font rage en France entre les troupes du roi de France Henri III et du futur Henri IV et celles de la Ligue soutenue par Philippe II (1527-1598), des lettres chiffrées du commandant des troupes espagnoles en France sont interceptées et confiées à Viète. Depuis le début de son règne, en 1555, Philippe II s'est occupé du secret de ses correspondances. Il changeait régulièrement ses chiffres. On ne connaît pas le chiffre du document décrypté par Viète, mais on peut en avoir une idée par d'autres chiffres retrouvés des années 1580, où les lettres *a, e, i, n* étaient chiffrées par quatre signes différents, *u, y* par trois, les autres consonnes par un seul signe et où 130 syllabes étaient chiffrées ; en outre, le chiffre comportait à peu près 420 abréviations comme $\underline{18}$ pour *armada*, *pom* pour *rey de francia*, etc. Viète parvient en quelques semaines à en percer le sens, ce qui est un exploit ; les Espagnols l'accusent même de sorcellerie. Peu de temps avant sa mort, il expliquera la nature algébrique de ses méthodes, comme de remarquer qu'une voyelle figure dans tout groupe de trois signes successifs.

L'utilisation des lettres qu'invente Viète marque une rupture profonde dans l'histoire des mathématiques. Quand Viète utilise des lettres, ce n'est pas pour noter une inconnue par une lettre, son carré par une autre, etc., mais pour faire des calculs algébriques avec elles. Viète explique cela dans son *In artem analyticem Isagoge* (*Introduction dans l'Art analytique*), de 9 feuillets (18 pages), publié à Tours en 1591 ; après lui, en moins de 50 ans, tout le monde en fera autant sans difficulté ; l'économie de pensée est considérable, on peut se concentrer sur les calculs, les polynômes deviennent visibles et on unifie le traitement des équations.

Les textes de Viète diffèrent encore des nôtres. D'abord par les signes utilisés : *in* pour un produit, *æquetur, æquabitur* pour une égalité et par la désignation des inconnues par des voyelles (A, E) et des données par des consonnes ($B, C, D, F, G\ldots$). Ensuite, parce que chaque lettre représente une grandeur et chaque grandeur a une « dimension » : ce peut être une longueur, un plan, un solide, un plano-plan, un plano-solide, un solide-solide, etc. ; on ne peut additionner, soustraire que des grandeurs homogènes entre elles. Par exemple, Viète écrit : *Si A cubus + B3 in A quad. + D plano in A, æquetur Z solido...* ce qu'on peut traduire : si $A^3 + 3BA^2 + DA = Z\ldots$ (A^3 est homogène à BA^2, DA, Z).

La souplesse de son langage algébrique permet à Viète d'étudier des équations algébriques (les racines doubles, les relations entre coefficients et racines – supposées positives), etc. En 1615, ses résultats de trigonométrie, publiés par un de ses élèves, permettent de ramener le cas irréductible de l'équation du troisième degré à la division d'un angle en 3, contournant ainsi la difficulté des radicaux non réels de la formule de Cardan[8].

Nullum non problema solvere

Pas de problème non résolu, c'est ce que proclame Viète en majuscules dans son texte présentant sa nouvelle algèbre. Mais c'était un peu trop optimiste ! Il n'en reste pas moins que Viète a introduit une véritable révolution dans les mathématiques en montrant comment exprimer les calculs algébriques avec des lettres.

5
Le XVIIe siècle

Les scientifiques du XVIe *siècle avaient sans doute constaté que parler avec d'autres personnes de ses recherches est efficace et stimulant. Au début du* XVIIe *siècle, de petits groupes de savants se constituent ; le plus célèbre est celui qui se réunit autour du père Mersenne. Ils sont à l'origine de la fondation de la* Royal Society *à Londres, en 1660, et de l'Académie des sciences à Paris, en 1666.*

Le XVIIe *siècle voit une explosion de scientifiques et de mathématiciens de génie : Galilée, Kepler, Descartes, Fermat, Desargues, Pascal, Newton, Leibniz. L'astronomie, la géométrie, la théorie des nombres, l'analyse en sont profondément transformés.*

Galilée (1564-1642)

En 1610, Galilée publie le *Sidereus Nuncius*, le *Messager céleste*. Il y raconte comment il a obtenu en quelques semaines *des observations infiniment stupéfiantes*. En mai 1609, il a entendu parler de lunettes astronomiques construites depuis peu par des Hollandais. Il en fabrique lui-même une grossissant 30 fois et la dirige vers la Lune. Une partie est éclairée par le Soleil, l'autre pas ; la ligne de séparation ne lui apparaît pas régulière et il y a de petites zones éclairées dans la zone sombre. Galilée comprend que le phénomène est analogue à celui du Soleil éclairant au couchant les sommets entourant une vallée déjà plongée dans l'obscurité et en déduit la hauteur d'une montagne lunaire : 4,987 miles, soit 7 371 mètres, résultat remarquable de précision que Galilée accompagne d'un commentaire étonnant pour nous : *sur la Terre, il n'existe pas de montagnes d'un seul mille à la verticale*; on a donc connu la hauteur de montagnes de la Lune avant d'avoir une idée exacte des hauteurs de celles des Alpes !

Puis Galilée découvre que la voix lactée est un *troupeau* d'étoiles[1] et, aussi extraordinaire :

Le 7 janvier 1610, à une heure de la nuit, comme j'observais le ciel à la lunette, Jupiter se présenta et... je reconnus que trois petites étoiles, assurément menues, mais très brillantes, étaient près de lui.

Galilée les observe les jours suivants; elles restent auprès de Jupiter, mais leur disposition change sans cesse : ce sont des satellites de Jupiter ! Les lunettes construites par Galilée n'étaient pas de bonne qualité et Galilée doit batailler quelques mois pour qu'on accepte ces nouveaux objets célestes. Mais il vient en quelques jours de révolutionner la conception que l'on avait de l'Univers : des étoiles fixes qui apparaissent par myriades et sont très éloignées, une surface de la Lune qui n'est pas lisse, des corps qui ne tournent pas autour de la Terre !

Les mathématiques sont la langue de l'Univers !

C'est en 1623, dans *Il Saggiatore*[2], que Galilée marie pour toujours les mathématiques (il n'en imagine pas les développements ultérieurs et parle juste de figures de la géométrie) et les phénomènes naturels :

La philosophie est écrite dans cet immense livre qui se tient toujours ouvert devant nos yeux, je veux dire l'univers, mais on ne peut le comprendre si l'on ne s'applique d'abord à en comprendre la langue et à connaître les caractères avec lesquels il a été écrit. Il est écrit dans la langue mathématique et ses caractères sont des triangles, des cercles et autres figures géométriques, sans le moyen desquels il est humainement impossible d'en comprendre un mot.

On connaît la condamnation de Galilée par le Saint-Office, le 22 juin 1633, pour avoir pris vigoureusement parti pour le système copernicien dans son *Dialogue sur les deux grands systèmes du monde*. L'Église ne reconnaîtra ses torts que très récemment, et encore. Galilée est assigné à résidence chez lui pour les dernières années de sa vie. C'est alors qu'il écrit son *Discours et démonstrations mathématiques concernant deux sciences nouvelles*[3], une discussion entre trois personnages, l'un d'entre eux, Salviati, défendant subtilement ses idées. Le livre jette les bases de la mécanique rationnelle et les mathématiques y sont essentielles. Pour établir les lois du mouvement uniformément accéléré, Galilée reprend les méthodes d'Archimède, déduisant une égalité d'aires de l'égalité de segments se correspondant, restant aux portes du calcul intégral. Dans sa quatrième journée, Galilée peut enfin énoncer une proposition décrivant correctement le mouvement des projectiles (sans tenir compte de la résistance de l'air), éliminant la théorie ancienne de l'*impetus* où le corps lancé épuisait d'abord son impétus, en ligne droite, avant de tomber à terre. La parabole trouve enfin une utilité pratique, 2 000 ans après sa découverte : *Un projectile qu'entraîne un mouvement composé d'un mouvement horizontal uniforme et d'un mouvement naturellement accéléré vers le bas, décrit au cours de son déplacement une trajectoire semi-parabolique.*

Parlant de Galilée, Laplace écrit[4] : *Une des plus fortes passions est l'amour de la vérité dans l'homme de génie. Plein de l'enthousiasme qu'une grande découverte lui inspire, il brûle de la répandre, et les obstacles que lui opposent l'ignorance et la superstition ne font que l'irriter et accroître son énergie.*

Johann Kepler (1571-1630)

À une époque troublée, la vie de Kepler n'a pas été toujours heureuse. Ses nombreux enfants décèdent presque tous jeunes, il doit lutter pendant plusieurs années pour éviter le bûcher à sa mère accusée de sorcellerie et sera pauvre presque toute sa vie. Il naît près de Stuttgart. Son père est soldat, violent, souvent absent pour longtemps ; il disparaît quand Kepler atteint ses 18 ans. Kepler a la chance de pouvoir accéder aux études dans différents séminaires ; il s'y montre très brillant. À Tübingen, son professeur de mathématiques et d'astronomie, Michael Maestlin (1550-1631), l'initie au système héliocentrique de Copernic (1473-1543).

En 1596, son premier livre, *Mysterium cosmographicum*, adopte le système de Copernic, en prenant le Soleil comme centre des orbites, mais avec l'idée de construire les dimensions du système solaire à partir des polyèdres réguliers de Platon emboîtés les uns dans les autres, dans l'ordre : l'octaèdre est inclus dans l'icosaèdre qui est inclus dans le dodécaèdre qui est inclus dans le tétraèdre qui est inclus dans le cube, tout ceci de façon que la sphère circonscrite à un polyèdre soit inscrite dans le suivant ; les orbites des planètes sont sur ces sphères.

Kepler devient assistant de Tycho Brahe (1546-1601) en 1600, mais celui-ci meurt, en lui laissant quelques observations de grande précision pour l'époque. Kepler va alors étudier soigneusement l'orbite de Mars et s'apercevoir que ses observations ne correspondent pas à une orbite circulaire, mais à une orbite elliptique. C'est un grand pas d'abandonner les modèles avec des cercles de Ptolémée ou Copernic pour un nouveau modèle, avec des ellipses, rendant mieux compte de la réalité. Kepler le publie en 1609, dans son *Astronomia nova*, en formulant deux lois sur le mouvement des planètes :

- l'orbite d'une planète est une ellipse dont le Soleil est un des foyers ;
- pendant des durées égales, les aires balayées par le segment joignant le Soleil à la planète sont égales (la planète accélère donc quand elle est proche du Soleil et ralentit quand elle s'en éloigne).

Kepler introduit l'usage du mot *foyer* pour désigner le (ou les) foyers des coniques et du mot *satellite* pour les objets célestes qui tournent autour d'autres plus gros.

En 1610, il prend connaissance du *Sidereus Nuncius* de Galilée. Il raconte qu'il riait de plaisir quand il put vérifier avec une lunette l'existence des petits satellites de Jupiter.

En 1611, Kepler formule une célèbre conjecture sur la façon d'empiler des sphères, toutes égales et ne se pénétrant pas, de la façon la plus dense possible : ce serait la disposition adoptée par tous les fruitiers pour empiler des oranges (voir p. 250).

Kepler termine *Harmonices mundi libri* (*L'harmonie du monde*), en 1619 ; il ajoute une troisième loi liant la période de révolution d'une planète et le demi-grand axe de l'ellipse qu'elle décrit. Mais le grand sujet qui encombre le livre de toutes sortes de spéculations, c'est l'harmonie, musicale, géométrique, du monde ; Kepler est persuadé d'être le premier à l'avoir découverte, six mille ans après la création du monde.

Invention des logarithmes et calcul de tables

John Neper (1550-1617) est âgé quand il publie, en 1614, le résultat de ses recherches, *Mirifici logarithmorum Canonis descriptio*. Il explique qu'il s'agit de *rejeter du travail les nombres mêmes utilisés dans les multiplications, les divisions et les extractions de racines longues et difficiles et substituer à leur place des nombres qui se chargent des rôles de ceux-ci par l'intermédiaire des seules additions, soustractions, divisions par 2 ou par 3.*

Il s'agit bien d'une description d'une nouvelle méthode de calcul où les nombres sont remplacés par ce que Neper appelle leurs logarithmes (d'*arithme* : nombre et *logos* : raison)[5].

La *Descriptio* ne précise pas comment obtenir les logarithmes des points dont l'extrémité n'est pas un des points α, β, γ (voir figure p. 80) ; il y a là effectivement une énorme difficulté pour *combler les trous*. Dans le texte publié après sa mort, en 1619, la *Constructio*, Neper explique qu'il utilise le mouvement, autrement dit, le temps joue le rôle de la droite réelle. Un mathématicien actuel dirait qu'une équation différentielle traduit la présentation de Neper alors que ni les nombres réels, ni la notion de fonction ne sont définis. En fait, les logarithmes définis par

Neper ne sont pas exactement les logarithmes que nous appelons népériens comme l'a proposé Sylvestre Lacroix (1765-1843) en 1797 : ils valent $-10^7 \ln(x/10^7)$. Le calcul des tables de Neper est un bricolage plein de belles astuces qui s'ouvre vers l'analyse.

L'appel au mouvement

Pour donner une description de ses logarithmes, Neper fait appel au mouvement. Il imagine la figure suivante (qui reproduit la figure de Neper) deux mobiles B et β, le premier se déplaçant à vitesse constante sur un axe en passant par les positions $C, D, E \ldots$ aux moments 1, 2, 3... en décrivant des intervalles égaux $AC, CD, DE \ldots$ dans des temps égaux, le second se déplaçant sur un segment $[\alpha\omega]$ de façon qu'aux moments 1, 2, 3... il occupe des positions γ, δ, ε telles que $\gamma\omega = k\alpha\omega$, $\delta\omega = k^2\alpha\omega$, etc., $k \in]0, 1[$ étant fixé.
Si b_n et β_n notent les positions de b et β à l'instant n, Neper définit le logarithme de $\beta_n\omega$ comme étant Ab_n.

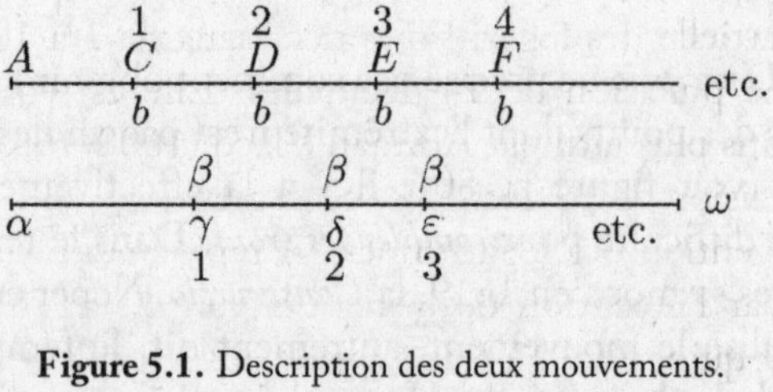

Figure 5.1. Description des deux mouvements.

Henry Briggs (1561-1630) est beaucoup moins connu que Neper, à tort; il est professeur de géométrie au

Gresham College (une sorte de Collège de France) de Londres depuis 1596 et ses recherches en astronomie l'amènent souvent à des calculs particulièrement longs. Les choix de Neper ne lui semblent pas judicieux. Il lui écrit. Neper l'invite l'été 1615 et le reçoit chaleureusement. Lui non plus n'est pas content de ses choix ; il envisage les logarithmes décimaux ; mais il n'est pas en bonne santé et préfère terminer ce qu'il a commencé, encourageant Briggs à calculer ces nouveaux logarithmes. Briggs revient l'été suivant ; *J'en aurai fait de même l'année suivante, s'il eût été encore vivant.*

Les méthodes de Briggs pour calculer les logarithmes décimaux sont variées et très ingénieuses[6]. Briggs n'hésite pas à se lancer (où à lancer ceux qui l'aident) dans d'énormes calculs pour obtenir le nombre de chiffres de $2^{10^{14}}$: *30102, 99956, 6399. Characteres en nombres*, la valeur de $10^{1/2^{54}}$ avec 36 décimales exactes pour obtenir $\log e$, les logarithmes des nombres premiers de 2 à 97 avec une grande précision. Briggs invente la méthode des différences finies (jusqu'aux différences sixièmes, un tour de force pour l'époque), etc. En 1624, Briggs publie une table partielle des logarithmes décimaux de 1 à 100 000, avec une précision de 14 décimales. Elle est complétée quatre ans plus tard par Adriaan Vlacq (1600-1667), avec une précision de 10 décimales seulement.

L'invention des logarithmes est rapidement suivie, en 1620, par l'invention de la règle à calcul, un petit instrument qui rendra tant de services aux ingénieurs jusque dans les années 1970.

Autour de Marin Mersenne (1588-1648)

Marin Mersenne naît à Oizé, à 24 km du Mans[7]. Sa famille est aisée. Il se souviendra plus tard du plaisir de voir battre le blé et critiquera les sorcières soufflant sur l'herpès ou récitant des *pater* (on sait que des pratiques de sorcellerie ont toujours cours dans ces régions et sans doute dans bien d'autres). C'est un amateur de mathématiques enthousiaste :

Il n'y a point de sciences, après la théologie, qui nous proposent et nous fassent voir tant de merveilles comme font les mathématiques, lesquelles élèvent l'esprit par dessus soi-même et le forcent à reconnaître une divinité.

Il est religieux, de l'ordre des Minimes ; son couvent est sur l'actuelle place des Vosges de Paris. Toute sa vie, il y entretient une correspondance abondante avec tous les scientifiques de son temps, les questionnant, communiquant aux uns les travaux des autres, etc. Il écrit beaucoup, comme cette *Harmonie universelle contenant la théorie et la pratique de la musique* de 1636, une somme de 800 pages pleine de formules mathématiques. À partir de 1635, Mersenne organise des réunions régulières entre les savants, le jeudi le plus souvent et à son couvent ; c'est *une académie toute mathématique*, disait-il. Ainsi, en 1637, Roberval reçoit une lettre de Fermat un lundi, la communique le jeudi suivant *à l'assemblée de nos mathématiciens*, où elle est étudiée et admirée ; Étienne Pascal est chargé d'en fournir des copies pour tous.

Au retour d'un voyage en Italie de 1644 à 1645, Mersenne fait connaître en France les expériences sur le baromètre. C'est l'origine des expériences que propose Pascal, réalisées le 19 septembre 1648 au Puy-de-Dôme. Mersenne n'aura pas connaissance de ces mesures. Il est mort le premier septembre, regretté de tous les savants de son époque, pour avoir bu, dit-on, trop d'eau fraîche avec Descartes par une chaude journée d'août.

Les nombres de Mersenne

En 1644, Mersenne donne une liste presque exacte de nombres premiers de la forme $2^n - 1$, avec $n \leqslant 257$. Les nombres premiers de cette forme sont maintenant appelés nombres de Mersenne, notés M_n. Les plus petits sont pour $n = 2, 3, 5, 7, 13, 17, 19, 31\ldots$ En 1950, le plus grand nombre premier connu était le nombre de Mersenne $M_{12} = 2^{127} - 1$, un nombre de 44 chiffres dont la primalité avait été établie par Édouard Lucas (l'inventeur des tours de Hanoi, 1842-1891) en 1876. Pour la suite, voir p. 274.

Girard Desargues (1591-1661)

Girard Desargues est moins connu que Pascal, Descartes ou Fermat. C'est un géomètre original dont les idées très nouvelles ne seront reconnues qu'au XIXe siècle[8]. Il est né à Lyon ; sa famille vivait à Condrieu, un village au bord du Rhône, en face de Vienne. Il y possédait des vignes (son vin avait-il ce léger parfum de violette qu'on lui connaît aujourd'hui ?)

Les publications de Desargues sont des opuscules de quelques pages, écrits à l'approche de ses 50 ans, tirés à très peu d'exemplaires, avec un titre en général curieusement long et dont il ne reste que de rares originaux. Le premier, de mai 1636, reprend le problème de la représentation en perspective, traité pour la première fois par un grand mathématicien, à la fois sur les plans théorique et pratique. Son texte fut critiqué par beaucoup de praticiens, qui ne surent pas en reconnaître l'exactitude et la nouveauté.

Le grand texte de Desargues est le *Brovillon proiect d'vne atteinte avx euenemens des rencontres du Cone auec vn Plan*[9]. Desargues y définit une *ordonnance* de lignes droites (ce que nous appelons un faisceau) comme une famille de droites soit toutes concourantes en un point, soit toutes parallèles, et cela revient au même car Desargues introduit un *point à l'infini* pour chaque droite (un seul point pour les deux directions) : *Icy toute ligne droite est entendüe alongée au besoin à l'infiny d'une part et d'autre.* Ce qui est absolument remarquable et nouveau, c'est que Desargues traite ce point à l'infini sans le distinguer des points à distance finie, sans se soucier d'une *existence réelle* de ce point. En quelques pages, tout est mis en place pour une nouvelle géométrie, la géométrie projective.

En 1640, Desargues écrit un traité expliquant comment tailler les pierres d'une voûte *biaise* dans un mur en *talus*, ce qui signifie que la voûte est de travers et que le mur n'a aucune raison d'être vertical. Desargues se place donc dans le cas le plus général, il mêle la théorie et la pratique et il crée, en 4 pages et 4 planches, les méthodes de tracés par rabattement sur un plan de la géométrie descriptive, plus d'un siècle avant Gaspard Monge (voir p. 125) ; il reste trois exemplaires de ce *Brouillon Project d'Exemple d'une Manière universelle du S. G. D. L. touchant la pratique du trait à preuves pour la coupe des pierres en l'Architecture...* dont un à la Biliothèque municipale de Quimper[10].

Enfin, adjointes à un traité de 1648 du graveur Abraham Bosse (1604-1676), un de ceux qui défendait ses méthodes, figurent le *théorème de Desargues* et la notion de birapport qui jouent un rôle fondamental en géométrie projective.

Pierre de Fermat (1607 ?-1665)

Le *premier homme du monde* écrivait Pascal le 10 août 1660. Et je dois en parler en quelques lignes ! La date de naissance de Pierre de Fermat est l'objet d'une discussion récente. On donne habituellement 1601, mais Klaus Barner a donné en 2001 plusieurs arguments pour que cette date soit changée en 1607[11], en particulier que la fin de son épitaphe, faite par ses enfants à l'église des Augustins à Toulouse, indique que Fermat avait 57 ans à sa mort à Castres, le 12 janvier 1665.

Fermat est issu d'une famille aisée ; il fait des études de droit, entouré d'amis amateurs de mathématiques, puis achète très cher, en 1630, une charge de Conseiller au Parlement de Toulouse. Ce travail est particulièrement lourd et, toute sa vie, Fermat n'aura que peu de temps pour s'occuper de physique, de mathématiques ou de littérature.

L'œuvre de Fermat nous est connue par quelques opuscules, sa correspondance, des publications posthumes de son fils. La première lettre conservée de Fermat est une réponse à une lettre perdue de Mersenne, le 26 avril 1636 :

Je vous reste beaucoup obligé de la faveur que vous me faites espérer de conférer par lettres, et n'est pas une des moindres obligations que j'aie à M. de Carcavi qui me l'a procurée. Je serai bien aise d'apprendre par votre moyen tous les Traités ou Livres nouveaux de Mathématiques qui ont paru depuis cinq ou six ans...

Détermination des tangentes à une courbe

Dans ses premières lettres à Mersenne, Fermat expose sa *théorie de la recherche du maximum et du minimum*, une théorie qu'il a mise au point vers 1629. La quantité variable envisagée par Fermat dans ses premiers exemples est un polynôme ; elle a une valeur extrémale en un nombre inconnu a dont la valeur est à déterminer. La méthode de Fermat est algébrique et inspirée d'un travail de Viète sur la *synchrèse* ; le polynôme P prend les mêmes valeurs en deux points voisins de l'extrémum ; à partir de l'égalité $P(a) = P(a + e)$, qu'il simplifie par e, puis où il fait $e = 0$, Fermat obtient a.

Fermat applique cette méthode à la détermination des tangentes à une courbe. Quand il montre comment obtenir la tangente à une parabole, le calcul est algébrique, mais quand il traite le cas de la cycloïde, Fermat fait un certain nombre d'approximations, c'est déjà du calcul différentiel.

La méthode de Descartes (*Géométrie*, livre 2) est bien plus compliquée (même si Descartes fait la moue et prétend le contraire).

Fermat calcule les aires sous les courbes $y = x^a$ avec a rationnel positif ou négatif, -1 étant exclu, allant nettement plus loin que Cavalieri ; ce sont les débuts du calcul intégral. Il pose aussi les bases de la géométrie analytique, indépendamment de Descartes, fixant des axes de coordonnées pour écrire les équations de certains lieux géométriques.

En optique, Fermat pose le principe *que la nature agit toujours par les voies les plus courtes* (une idée magnifique, très en avance sur son temps), montrant que ce principe implique les lois de Descartes et fondant ce qu'on appelle maintenant le calcul des variations.

Nous parlerons plus loin de l'échange de lettres avec Pascal à l'origine du calcul des probabilités (voir p. 96). Mais, si Fermat a marqué le monde mathématique, c'est surtout par ses résultats géniaux en théorie des nombres. Même Pascal ne pouvait le comprendre : *cherchez ailleurs qui vous suive dans vos inventions numériques... cela me passe de loin* (1654).

En août 1659, Fermat écrit à Carcavi une *relation des nouvelles découvertes en la science des nombres*, énumérant des résultats obtenus par sa méthode de descente infinie ; par exemple, pour montrer une impossibilité, on suppose que le problème a une solution, puis on trouve un moyen d'en fabriquer une seconde strictement plus petite en un certain sens ; à partir de cette seconde, le même moyen permet d'en fabriquer une troisième strictement plus petite que la seconde ; comme on ne peut continuer indéfiniment ainsi avec des nombres entiers, on obtient une contradiction. Voici quelques résultats :

Quelques résultats arithmétiques

– Si x n'est pas multiple de p, $x^{p-1} - 1$ est multiple de p (connu sous le nom de *petit théorème de Fermat*).

- Tout nombre premier p de la forme $4k + 1$ s'écrit comme somme de deux carrés : $p = a^2 + b^2$.
- Tout entier est somme de quatre carrés au plus.
- Une équation de la forme $x^2 - dy^2 = 1$, avec d sans facteur carré (voir p. 55), a une infinité de solutions (une erreur d'Euler a donné à ces équations le nom de John Pell (1611-1685) ; on dit parfois équation de Pell-Fermat, mais la mention de Pell est encore de trop !).

Fermat conclut : *Voilà sommairement le compte de mes rêveries sur le sujet des nombres. Je ne l'ai écrit que parce que j'appréhende que le loisir d'étendre et de mettre tout au long toutes ces démonstrations me manquera... Et peut-être la postérité me saura gré de lui avoir fait connaître que les Anciens n'ont pas tout su...* Il termine en citant le livre de Daniel : *Multi pertransibunt et augebitur scientia* (« Beaucoup passeront et la science augmentera »).

La note célébrissime

Dans sa lettre à Carcavi, Fermat ne cite pas sa note en latin, écrite en marge d'une question de son *Diophante* et qui peut dater des années 1640. Diophante demande d'écrire un carré comme somme de deux carrés. Fermat écrit : *Cubum autem in duos cubos, aut quadratoquadratum in duos quadratoquadratos, et generaliter nullam in infinitum ultraquadratum potestatem in duas ejusdem nominis fas est dividere : cujus rei demonstrationem mirabilem sane detexi. Hanc marginis exiguitas non caperet.* Soit : *Cependant, il est impossible de partager un cube en deux cubes, un bicarré en deux bicarrés et, en général, une puissance quelconque supérieure au carré en deux puissances de même degré. J'en ai découvert une démonstration vraiment merveilleuse. La marge est trop étroite pour la contenir.*

Fermat n'a jamais fait état de ce problème qui allait passionner les mathématiciens et conduire à de multiples développements, sous le nom de grand ou dernier théorème de Fermat (voir p. 213). Il s'agit de montrer que, pour n entier, $n > 2$, l'équation $x^n + y^n = z^n$ n'a pas de solutions en nombres entiers avec $xyz \neq 0$. Fermat disait connaître une démonstration du cas $n = 3$ et avait démontré le cas $n = 4$.

René Descartes (1596-1650)

Descartes naît en Touraine. À l'âge de 10 ans, il part étudier au collège de La Flèche, où il restera huit ans : *Je me plaisais surtout aux mathématiques à cause de la certitude et de l'évidence de leurs raisons... et, pensant qu'elles ne servaient qu'aux arts mécaniques, je m'étonnais de ce que leurs fondements étant si fermes et si solides, on n'avait rien bâti dessus de plus relevé.* Il s'engage comme militaire, sans prendre part aux horribles combats de la guerre de trente ans. Le 10 novembre 1619 a lieu cette scène célèbre que Descartes a raconté dans le *Discours de la méthode*. Dans une chambre bien chauffée que Descartes appelle un *poële*[12], des méditations, et des rêves, vont décider du sens de sa vie : *pour toutes les opinions que j'avais reçues jusques alors en ma créance, je ne pouvais mieux faire que d'entreprendre une bonne fois de les en ôter, afin d'y en remettre par après ou d'autres meilleures, ou bien les mêmes lorsque je les aurais ajustées au niveau de la raison.* Enthousiasme juvénile, mais Descartes s'aperçut rapidement que ce n'était pas si facile de quitter ses opinions anciennes...

En 1628, Descartes part pour la Hollande : *Quel autre pays où l'on puisse jouir d'une liberté si entière, où l'on puisse dormir avec moins d'inquiétude* et où l'on puisse *vivre aussi solitaire et retiré que dans les déserts les plus écartés.* Descartes a une liaison avec la servante d'un libraire, en a une fille, Francine, *conçue à Amsterdam le dimanche 25 octobre de l'an 1634.* À la douleur de son père, elle meurt de la scarlatine à cinq ans.

La publication du *Discours de la méthode*, en 1637, est un grand moment de l'histoire de la philosophie[13]. Le texte repose constamment sur des idées mathématiques : *Ces longues chaînes de raisons, toutes simples et faciles, dont les géomètres ont coutume de se servir pour parvenir à leurs plus difficiles démonstrations, m'avaient donné occasion de m'imaginer que toutes les choses qui peuvent tomber sous la connaissance des hommes s'entresuivent en même façon.* Il est naturel que le premier traité du *Discours de la méthode* soit *La Géométrie*, moins de 100 pages, divisé en trois livres, écrit en français, alors que le latin était encore la langue des scientifiques. C'est le seul traité de mathématiques de Descartes ; il a eu une grande influence. Descartes continuera à traiter de problèmes mathématiques dans sa correspondance.

Au début du premier livre, Descartes règle définitivement les problèmes des liens entre les nombres et la géométrie : il utilise un segment de longueur 1 et reprend les idées de Omar Khayyam et Bombelli (voir p. 51 et p. 69). Descartes choisit, sans dire qu'il change les conventions de Viète, de noter par des lettres minuscules x, y, z les quantités inconnues, $a, b, c\ldots$ les quantités connues. Cette nouvelle convention devait s'imposer ainsi que sa notation des exposants : x^3 note $x \times x \times x$, etc. (voir p. 16).

Le second livre aborde le problème de la classification des lignes courbes. C'est là que Descartes introduit (indépendamment de Fermat) ce qui va devenir des coordonnées cartésiennes (Descartes s'écrit aussi *des Cartes*). Une restriction est implicite : Descartes s'arrange pour que ses x et y soient toujours positifs ; ce sont des longueurs pour lui. Les mots ordonnée et abscisse ne seront proposés que plus tard, le premier par Pascal (*Histoire de la roulette*, 1658).

Avec Descartes, les propriétés géométriques et les propriétés algébriques sont reliées. La classification ancienne des courbes vole en éclats : *Les anciens ont fort bien remarqué qu'entre les problèmes de Géométrie, les uns sont plans, les autres solides, et les autres linéaires : c'est-à-dire que les uns peuvent être construits en ne traçant que des lignes droites et des cercles ; au lieu que les autres ne le peuvent être, qu'on n'y emploie pour le moins quelque section conique ; ni enfin les autres, qu'on n'y emploie quelque autre ligne plus composée. Mais je m'étonne de ce qu'ils n'ont point outre cela distingué divers degrés entre ces lignes plus composées, et je ne saurais comprendre pourquoi ils les ont nommées mécaniques plutôt que géométriques.* Descartes propose une classification nouvelle, basée sur le degré des inconnues dans les équations.

Descartes introduit son fameux folium d'équation $x^3 + y^3 = 3axy$ en janvier 1638, pour piéger Fermat lors de leur violente controverse sur la construction des tangentes aux courbes (Fermat n'en fera qu'une bouchée avec sa méthode) ; on notera que, comme Descartes utilise ses coordonnées cartésiennes avec des nombres positifs, son folium a bien l'allure d'une petite feuille, alors qu'on le voit souvent représenté avec ses branches infinies.

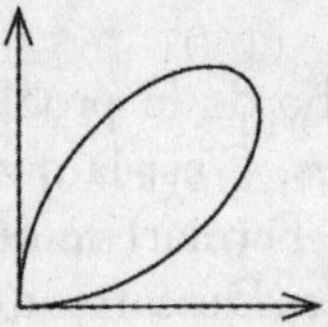

Figure 5.2. Le véritable folium de Descartes.

Descartes a plein d'idées nouvelles, comme sur le réflexe de Pavlov (1849-1936) : *Si on avait bien fouetté un chien cinq ou six fois au son du violon, sitôt qu'il ouirait une autre fois cette musique, il commencerait à crier et à s'enfuir*, ou sur les lois de réflexion et de réfraction, connues de Ibn Sahl (vers 940-1000) et de Snel (1580-1626). La jeune reine de Suède, Christine (1626-1689), fantasque et passionnée, cause la mort de Descartes ; elle l'invite en Suède et lui demande des leçons de philosophie à cinq heures du matin. Lui qui depuis longtemps se levait très tard attrape une pneumonie. Les manuscrits de Descartes sont renvoyés en France dans une caisse qui tombe dans la Seine ; on les récupère au bout de trois jours, ils sont séchés, mais sont abimés.

En 1664, le traité *L'Homme* est enfin publié. Descartes imagine le cerveau comme une machine mécanique, un automate, qui rend compte de la commande des mouvements du corps par le cerveau, de la veille et du sommeil, etc. Mais il semblait impossible à Descartes qu'une telle machine puisse produire l'infinie variété des inventions de la pensée humaine. Cette impossibilité mathématique le conduit à affirmer l'existence d'une âme immatérielle.

La méthode inverse des tangentes

Florimond de Beaune (1601-1652), un juriste de Blois amateur de mathématiques, lit Descartes et lui pose le *problème inverse des tangentes* (1638-1639), autrement dit : trouver une courbe connaissant une propriété de ses tangentes. C'est une façon de poser ce qu'on appellera plus tard une équation différentielle, mais, à l'époque de Descartes, on ne pouvait que bricoler devant un tel problème.

Blaise Pascal (1623-1662)

Blaise Pascal naît à Clairmont (l'union de Clairmont et Montferrand a lieu en 1630). Sa mère meurt quand il a 3 ans. Son père, Étienne Pascal (1588-1651), est un haut magistrat. En 1631, il quitte l'Auvergne pour Paris avec ses enfants. Il se consacre à leur éducation, leur enseigne les langues et littératures anciennes, ainsi que les sciences. Blaise est très brillant, apprend et comprend tout. En 1635, Étienne Pascal fréquente l'Académie mise en place par Mersenne. Il y emmène Blaise, 13 ans et très admiré.

Le premier travail de Pascal est un court *Essay pour les coniques* où il rend hommage à Desargues et énonce son fameux théorème sur l'hexagone inscrit dans un cercle (figure 5.3) : les côtés opposés (*AB*) et (*DE*), (*BC*) et (*EF*), (*CD*) et (*FA*) se coupent en *M*, *N* et *P* respectivement et ces trois points sont alignés !

Pascal définit les coniques comme intersection d'un cône à base circulaire par un plan, ses droites sont infinies dans les deux sens, la parabole a une tangente en son point à l'infini, image de la tangente au cercle au point sans image. Même si cela nous paraît presque aller de soi, c'est une révolution dans la géométrie : l'espace est devenu infini avec Pascal et Desargues.

En 1640, Étienne Pascal s'installe à Rouen comme commissaire pour la levée des impôts. Blaise entreprend de l'aider pour faire ses calculs. Il ignore le travail antérieur de Wilhelm Schickard (1592-1635) et présente, en février 1644, un premier exemplaire d'une machine pour faire

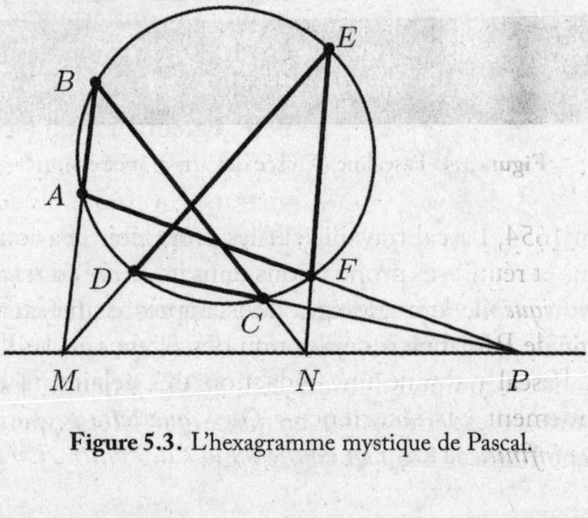

Figure 5.3. L'hexagramme mystique de Pascal.

des additions et des multiplications qu'on appellera la *pascaline*, avec six roues décimales et des engrenages. D'autres modèles suivront ; une dizaine nous sont parvenus (figure 5.4). La difficulté principale était le problème des retenues dans les additions que Pascal résout au moyen d'un dispositif mécanique subtil. La sœur de Pascal, Gilberte (1620-1687), souligne le côté absolument nouveau de l'invention : *d'avoir réduit en machine une science qui réside tout entière dans l'esprit* et la possibilité de calculer sans *savoir aucune règle d'arithmétique.* La réussite de Pascal est à l'origine de toutes les machines à calculer construites ultérieurement.

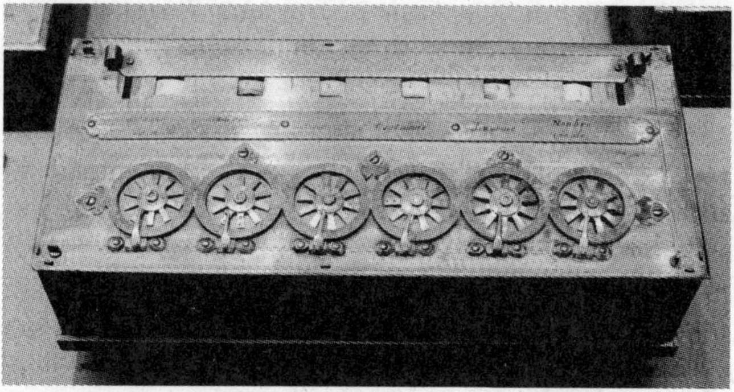

Figure 5.4. Pascaline (Musée des arts et métiers).

En 1654, Pascal travaille sur les propriétés des combinaisons et réunit ses propositions dans le *Traité du triangle arithmétique* (le triangle que nous appelons maintenant triangle de Pascal était déjà connu des Arabes et des Chinois). Pascal y donne une rédaction très éclairante d'un raisonnement par récurrence : *Quoy que cette proposition ait une infinité de cas, j'en donneray une démonstration bien courte, en supposant 2 lemmes. Le 1, qui est évident de soymesme* est que la proposition soit vraie pour la base 1 ; le second est que si cette proposition est vraie *pour une base quelconque, elle se trouvera nécessairement vraie dans la base suivante.*

La fondation du calcul des probabilités

Antoine Gombaud, Chevalier de Méré (1607-1684), avait posé à Pascal le problème (déjà ancien) de deux joueurs jouant une certaine somme d'argent *S* ; ils s'engagent dans une série de parties ; le premier qui en aura gagné un certain nombre *N* recevra la somme totale. Mais le jeu s'arrête avant que l'un des deux joueurs ait gagné *N* parties ; comment répartir *S* entre les deux joueurs de manière équitable ? Pascal et Fermat échangent leurs idées sur ce *problème des partis* (au sens de *partage*). Le 29 juillet 1654, Pascal écrit : *Je ne doute plus maintenant que je sois dans la vérité, après la rencontre admirable où je me trouve avec vous.* Quand Pascal écrit : *Par exemple, et je vous le dirai en latin, car le français n'y vaut rien...*, il marque le moment où le français prend de l'importance dans les échanges scientifiques.

Évoquons d'autres contributions majeures de Pascal aux mathématiques et tout d'abord, les textes du *Traité de la roulette* (la cycloïde) qui fondent le calcul intégral. Pascal critique les indivisibles en vogue à son époque : *Ainsi un espace, quelque petit qu'il soit, ne peut-il pas être divisé en deux, et ces moitiés encore ? Et comment pourrait-il se faire que ces moitiés fussent indivisibles sans aucune étendue, elles qui, jointes ensemble ont fait la première étendue.* Pascal pense comme nous qu'en parlant d'indivisibles : *on n'entend autre chose par là sinon la somme d'un nombre indéfini de rectangles faits de chaque ordonnée avec chacune des petites portions égales du diamètre...*

Ensuite, dans *De l'esprit géométrique* et *De l'art de persuader*, Pascal dégage les bases logiques des raisonnements mathématiques : *Cette véritable méthode, qui formerait des démonstrations dans la plus haute excellence, s'il était possible d'y arriver, consisterait en deux choses principales : l'une, de n'employer aucun terme dont on n'eût auparavant expliqué nettement le sens ; l'autre, de n'avancer jamais aucune proposition qu'on ne démontrât par des vérités déjà connues...* Quelle langue et quel esprit !

Mesure de la Terre de Jean Picard (1620-1682) et ses conséquences

Jean-Baptiste Colbert (1619-1683) ouvre l'Académie royale des sciences le 22 décembre 1666[14]. C'est là que s'effectuera essentiellement pendant trois siècles la recherche française, chacun venant communiquer aux autres les résultats de ses travaux. Le rôle des mathématiques est central. Le registre des délibérations indique : *le mercredy, on traittera des Mathématiques.* Colbert a choisi treize académiciens, dont sept mathématiciens, et il les traite bien.

L'un des premiers grands travaux de l'Académie, en 1670, sera la mesure d'un degré de méridien terrestre par Jean Picard[15] pour, écrit Picard, *l'utilité de la Géographie en ce qui concerne les différences des Longitudes, mais particulièrement encore pour l'usage de Navigation, d'autant plus que jusqu'à présent, personne ne s'était avisé de se prévaloir du grand avantage qu'on pouvait tirer des lunettes d'approche pour l'exécution de ce dessein...*

L'idée de la mesure est la même qu'au temps d'Ératosthène : mesurer un arc de méridien le plus précisément possible, en se tournant vers les étoiles pour connaître les latitudes. Pour les mesures au sol, Picard utilise une triangulation. Il trouve des points dominants (collines, clochers...) formant une chaîne de 13 triangles le long d'un méridien passant près de Paris et d'Amiens. Il mesure soigneusement un côté de l'un d'entre eux, *le grand chemin du Moulin de Villejuive jusqu'au pavillon de Juvisy*, 5 663 toises, et les angles de tous. Il doit aussi faire des observations pour situer exactement le nord. Tous les calculs peuvent être faits avec des formules de trigonométrie. Picard obtient 57 057 toises pour la longueur d'un degré terrestre, soit 40 033 kilomètres.

La méthode de Picard sera reprise pour les différentes mesures des siècles suivants. Elle allait avoir immédiatement des conséquences importantes. En 1669, sur les conseils de l'abbé Picard, Louis XIV fait venir d'Italie à l'Académie des sciences Jean-Dominique Cassini (1625-1712), le plus grand astronome de son temps. Cassini dirige le nouvel observatoire que Colbert fait construire au sud du Paris de l'époque (dans le quatorzième arrondissement aujourd'hui), devient français, épouse une française et cinq générations de Cassini seront astronomes en France.

Cassini vient de publier, en 1668, des tables (*Ephemerides Bononienses mediceorum siderum*) indiquant l'heure exacte des éclipses des satellites de Jupiter. Ces tables résolvent pour la première fois le problème de la détermination des longitudes en mer, si important pour les navigateurs. L'idée est la suivante : en observant l'éclipse d'un satellite de Jupiter au cours d'un voyage, un navigateur connaît grâce aux tables l'heure exacte qu'il est à Paris au même moment, puisque le début de l'éclipse se voit au même moment aux deux endroits. D'autre part, l'observation du Soleil lui permet de connaître le midi de l'endroit où il se trouve ; la comparaison (assez délicate à mettre en œuvre) des deux mesures de temps permet au navigateur d'en déduire sa longitude, donc sa position.

En 1672, l'astronome Jean Richer (1630-1696) se rend à Cayenne, en Guyane. Le 5 septembre, il observe Mars, en même temps que Cassini à Paris. C'est le moment où le Soleil, la Terre et Mars sont alignés dans cet ordre. La distance entre la Terre et Mars est minimale, ce qui se produit tous les 15 ans environ. Richer et Cassini mesurent tous deux l'angle entre la direction de Mars et la direction d'une même étoile. La mesure de Picard leur permet alors de calculer la distance Terre-Mars. Les lois de Kepler permettent d'en déduire la distance Terre-Soleil ; ainsi la mesure de Picard a-t-elle permis d'avoir une idée des dimensions du système solaire. En remarquant que les heures données par la table de Cassini pour les occultations des satellites de Jupiter ne correspondent pas aux heures observées suivant que la Terre et Jupiter sont plus ou moins éloignées, Olaf Römer (1644-1710) montre en 1675 que l'on peut calculer la vitesse de la lumière. Nous verrons enfin dans la section suivante comment la mesure de Picard permit à Newton de valider sa théorie de la gravitation universelle. Que de conséquences pour une mesure faite à partir de *quatre bois de piques, de deux Toises chacun* sur une route d'Île-de-France !

Isaac Newton (1643-1727)

Newton est né le 4 janvier 1643 (le calendrier grégorien n'ayant été introduit en Angleterre qu'en 1752, la date anglaise est Noël 1642) dans une famille de fermiers analphabètes, dans un petit village à 200 kilomètres au nord de Londres. Son père venait de mourir ; Isaac était prématuré et chétif. Deux ans plus tard, sa mère se remarie et le confie à sa grand-mère. Newton hait son beau-père et sa mère, *menaçant de les brûler vifs dans leur maison* racontera-t-il ; il souffre de n'avoir pas connu son père. Quand son beau-père meurt, il a 10 ans.

En 1661, il entre à l'université voisine de Cambridge. Il vient juste de terminer ses études, en avril 1665, quand une épidémie de peste frappe l'Angleterre ; l'université ferme et Newton se réfugie dans son village.

C'est là, entre 1664 et 1666, qu'il conçoit, seul, un pan après l'autre, une grande partie de son œuvre : séries et méthode des fluxions (une des origines du calcul infinitésimal[16]), théorie des couleurs, théorie de la gravitation. Il était, dira-t-il, dans *l'âge créatif*. Les débuts de l'analyse sont marqués par l'introduction d'*infinitésimaux*, des nombres dits infiniment petits mais pas vraiment définis, plus petits que tout nombre usuel donné, ce qui en fait des objets mystérieux à manier. Pour Newton, les infinitésimaux ne sont pas des nombres, mais des fonctions, une conception qu'on retrouvera chez Cauchy (voir p. 149).

Il obtient des calculs d'intégrales, des développements en séries, des calculs de logarithmes avec une grande précision, etc. Citons la formule du binôme :

$$(1+x)^a = 1+ax+a(a-1)x^2/2+a(a-1)(a-2)x^3/3!+\ldots$$

pour a rationnel positif ou négatif. Cette formule lui donne, avec $a = -1$ et $a = -1/2$, les développements de $1/(1+x) = (1+x)^{-1}$ et $1/\sqrt{1-x^2} = (1-x^2)^{-1/2}$ dont il déduit, par intégration, les développements de $\ln(1+x)$ et $\text{Arcsin}\, x$, puis ceux de $\sin(x)$ et de $\cos(x)$. Newton ne publie ses travaux que beaucoup plus tard, comme le *Tractatus de quadratura curvarum* de 1676 publié en appendice de l'*Optique* en 1704 dans lequel il donne les bases de sa méthode des fluxions : *Considérant que les grandeurs qui croissent dans des temps égaux sont plus grandes ou plus petites selon qu'elles croissent avec une vitesse plus grande ou plus petite, je cherchais une méthode pour déterminer les grandeurs d'après les vitesses des mouvements ou accroissements qui les engendrent. En nommant fluxions les vitesses de ces mouvements ou accroissements tandis que les grandeurs engendrées s'appelleraient fluentes, je suis tombé, vers les années 1665-1666 sur la méthode des fluxions...* Ainsi, le temps (ou une quantité qui joue son rôle, précise Newton) est appelé à jouer un rôle intermédiaire (comme dans les textes de Neper) ; c'est en quelque sorte la droite réelle. Les fonctions s'appellent fluentes et leurs dérivées fluxions, les premières sont notées par des lettres comme x, y et les secondes en plaçant un point au-dessus : $\dot{x}, \dot{y}$; les moments des fluxions, correspondant aux dx et dy de Leibniz, sont notés $\dot{x}o, \dot{y}o$ où o désigne un intervalle de temps infiniment petit. Newton pouvait ainsi, dans une équation polynomiale liant x et y, remplacer x par $x + \dot{x}o$, y par $y + \dot{y}o$, éliminer les puissances de o d'exposant strictement supérieur à 1, trouver $\dot{y}/\dot{x}$ et la tangente à la courbe. Newton explique :

J'ai trouvé cette méthode grâce au tracé des tangentes de Fermat.

Dans des textes parus en 1736 se trouve un bel exposé de la fameuse méthode dite des tangentes (ou de Newton) pour résoudre de façon approchée une équation de la forme $f(x) = 0$. Mais on s'aperçoit que Newton avait basé sa méthode sur des approximations données par les développements en séries des fonctions, sans utiliser de considération géométrique comme les exposés actuels le font.

Newton s'est aussi lancé dans l'énumération systématique des courbes algébriques de degré 3, en distinguant 72 types différents (pas loin du bon nombre) et en montrant qu'elles sont toutes des projections de certaines cubiques particulières (comme les différentes coniques sont des projections d'un cercle).

Newton garde d'abord pour lui sa théorie de la gravitation, car le calcul du mouvement de la Lune soumise à l'attraction terrestre n'est pas en accord avec la pesanteur des corps à la surface de la Terre.

En 1682, il prend connaissance de la mesure du rayon de la Terre de Picard ; avec cette nouvelle valeur, les deux calculs sont concordants. Edmond Halley (celui de la comète, 1656-1742) va alors jouer un rôle important : il pousse Newton à rédiger ses principaux résultats. Newton travaille jour et nuit. Halley s'occupe de tout, relit, corrige, finance, sert d'intermédiaire. Enfin paraît, en latin, en 1687, un des ouvrages scientifiques les plus célèbres de tous les temps, les *Principia* (*Principes mathématiques de la philosophie naturelle*[17]). C'est une révolution dans notre manière de voir le monde ! La Lune tombe vers la Terre, le phénomène des marées, la cohésion des planètes et des étoiles sont expliqués, le monde sublunaire se fond dans l'espace infini en un espace enfin unifié. Les *Principia* sont aussi le début d'une nouvelle science, la mécanique céleste, qui allait permettre d'expliquer dans le détail les mouvements planétaires et cométaires. Newton montre qu'on peut déduire de son unique loi d'attraction les trois lois que Kepler avaient énoncées une soixantaine d'années auparavant. Il étend cette loi jusqu'aux plus lointaines étoiles et à leurs systèmes planétaires.

Pour les calculs effectifs, tout ne marche pas aussi bien. Newton résout le problème des mouvements de deux corps isolés soumis à l'attraction universelle : les trajectoires des deux corps sont des ellipses comme dans le modèle de Kepler. Il aborde le problème des trois corps (ou plus), problème central des travaux des siècles futurs, où les lois de Kepler sont inexactes, la résolution analytique impossible et où les mouvements peuvent être très compliqués ; il faut dans ce cas recourir à des méthodes approchées.

Newton conclut les *Principia* par une méditation sur la gravitation, à laquelle il n'a *assigné nulle part une cause* (une explication serait donnée par le boson de Higgs découvert en 2012). Il ne sait pas non plus comment la gravitation peut traverser le vide. Newton a beaucoup médité sur Dieu. Il s'interroge : les perturbations des mouvements des planètes les unes par les autres (auxquelles il ajoute les perturbations dues aux comètes, mais on sait aujourd'hui que leur masse est négligeable) ne peuvent-elles pas entraîner des perturbations importantes dans le système solaire ? Newton imagine que Dieu, voyant la perfection de son œuvre menacée, peut de temps en temps intervenir pour remettre en ordre, *réinitialiser*, le système solaire en entier ! Newton posait la bonne question : le système solaire est-il stable ?

Lagrange considérait Newton comme le plus grand génie des sciences, *et le plus heureux ; on ne trouve qu'une fois un système du monde à établir*. Le plus heureux ? ce n'est pas sûr. Newton a été sujet à des dépressions nerveuses (1678, 1693). Il était absolument détestable avec ses rivaux scientifiques, avec Robert Hooke (1635-1703) pour la théorie de la gravitation, avec Leibniz pour les calculs différentiel et intégral. Il était partisan d'un Dieu unique, convaincu de l'hérésie du dogme de la Trinité proclamé par le Concile de Nicée, cherchait à établir une chronologie des événements anciens en accord avec les textes des Écritures...

Terminons plutôt par ce rapport comme maternel à la science. Newton aurait dit : *j'ai seulement joué comme un garçon au bord de la mer, m'amusant à ramasser de temps en temps un galet plus lisse, ou un coquillage plus joli que les ordinaires, pendant que le grand océan de la vérité s'étendait devant moi, inexploré.* Newton n'est peut-être jamais allé jusqu'au bord de la mer (dont il était tout près) et on ne lui connaît aucune aventure sentimentale.

Émilie du Châtelet (1706-1749), une des premières femmes scientifiques, a établi l'unique traduction française des *Principia* (dans leur dernière édition), l'achevant quelques jours avant sa mort, après un accouchement. Kant (1724-1804) ne pensait pas qu'une femme ait pu être assez intelligente pour cela.

Gottfried von Leibniz (1646-1716)

Leibniz s'intéresse d'abord à la philosophie, à la religion, aux langues, au droit. Il a un goût marqué pour en étudier les aspects logiques. Il n'étudie vraiment les mathématiques qu'autour de ses 20 ans. En 1672, il est à Paris, chargé d'une mission diplomatique. En 1673, il présente sa construction (inachevée) d'une machine à calculer, plus évoluée que celle de Pascal, à la Royal Society. À Paris, Christian Huygens (1629-1695) le conseille dans ses lectures mathématiques ; il lit tous les travaux de Pascal.

Ses manuscrits montrent son cheminement pour aboutir, le 21 novembre 1675, à l'écriture $\int f(x)\,dx$ (le $\int$ est l'initiale allongée de *Summa omnium*). Il voit l'intégration comme une opération générale et comprend les rôles inverses des opérateurs d et $\int$; avec ces notations, dont l'usage va se répandre, on peut considérer que ce sont les débuts du calcul différentiel et du calcul intégral. Un an plus tard, il écrit $d(x^n) = nx^{n-1}\,dx$ pour n entier ou fractionnaire. Il souligne les aspects algébriques de son calcul : $d(x + y) = dx + dy, d(xy) = xdy + ydx$. Il avance hardiment, définissant des termes comme ddx, $dddx$, $\int\int y$ (pour un solide), dy/dx, etc. Mais il lui manque la rigueur : il peut seulement dire qu'on peut faire disparaître dans une somme les termes incomparablement petits ou que ddx est *un élément d'un élément, car la même quantité dx n'est pas toujours constante*... Leibniz ne connaît pas la nature exacte de ses infiniment petits et infiniment grands : il se pourrait qu'ils *soient imaginaires, mais aptes à déterminer le réel*. Bientôt, les frères Bernoulli, Jean (1667-1748) et Jacques (1654-1705), comprennent et diffusent le nouveau calcul, en particulier à travers le célèbre *Analyse des infiniment petits pour l'intelligence des lignes et des courbes*, un cours de Jean Bernoulli au marquis de l'Hospital (1661-1704) qui, passionné de mathématiques comme sa femme, le publie (sous son nom !) en 1696. Le nouveau calcul permet de résoudre de nombreux problèmes sans aucun effort d'imagination, comme l'écrit, en 1691, Leibniz à Huygens.

Autour de la tractrice

C'est l'époque où l'étude de nouvelles courbes (spirales, brachystochrones, tautochrones...) fait progresser les mathématiques. Leibniz, lors de son séjour parisien (1672-1676), se voit poser, comme à d'autres, un problème très simple par Claude Perrault (1613-1688), le frère de l'auteur de *Peau d'âne* : on pose une montre M sur une table, attachée à une chaîne de longueur l ; on tire la montre en faisant suivre le bord de la table à l'extrémité A de la chaîne, en partant de A_0. La montre décrit une courbe que nous appelons une tractrice (figure 5.5).

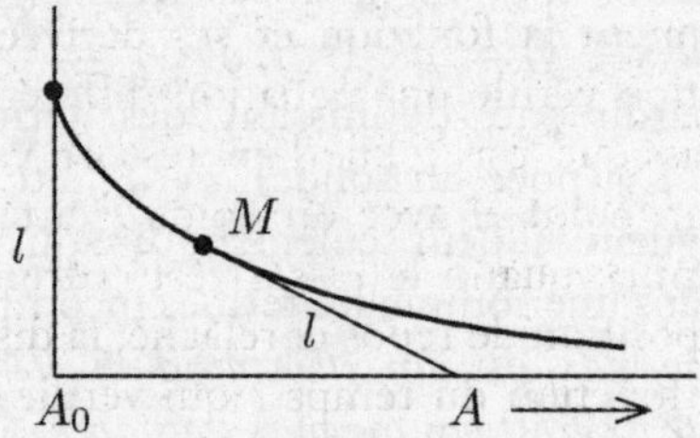

Figure 5.5. Tractrice : la chaîne AM est tangente à la courbe.

Décrire la courbe, c'était alors un nouveau problème inverse des tangentes (voir p. 93). En 1693, Leibniz fait un bilan des recherches menées par lui et d'autres : la courbe est apparentée aux logarithmes, des moyens mécaniques sont mis au point pour la tracer, des problèmes plus généraux sont proposés. Pendant une soixantaine d'années, les recherches vont continuer dans ce domaine.

Leibniz est à l'origine de la définition de la notion de fonction, disant, en 1692, qu'une tangente à une courbe est fonction du point de la courbe. Jean Bernoulli reprend, en 1698, le même terme avec la définition : *On appelle fonction d'une grandeur variable, une quantité composée de quelque manière que ce soit de cette grandeur variable et de constantes.* C'est une définition déjà satisfaisante d'un concept de base des mathématiques des siècles suivants.

Notion d'équation différentielle

Dans la modélisation des problèmes de mécanique ou de physique, les phénomènes sont naturellement modélisés par des fonctions qui vérifient des relations où interviennent la fonction et ses dérivées. On dit que la fonction vérifie une équation différentielle. Un exemple classique est celui d'un ressort vertical accroché en un point A avec un poids P attaché à son autre extrémité ; quand le ressort est écarté verticalement de sa position de repos et relâché, la distance $x = AP$ est une fonction du temps t qui vérifie l'équation $x''(t) + k^2x(t) = 0$ (ici, x'' est la dérivée seconde, correspondant à une accélération, de x et k est une constante du ressort ; on montre que la fonction x est une sinusoïde).

La résolution d'une équation différentielle permet souvent de connaître une unique fonction satisfaisant les conditions données, donc, si la variable est le temps, de prévoir l'avenir et de restituer le passé. Mais la résolution est rarement possible, aussi recherche-t-on des propriétés des solutions. Les problèmes sont extrêmement variés et forment une branche importante des mathématiques depuis lors :

il s'agit d'étudier si les solutions existent, si elles sont uniques pour des conditions données, comment elles varient, ce qu'elles font quand la variable devient très grande, comment elles changent quand on fait varier les conditions initiales. On peut faire, quand le comportement n'est pas chaotique (voir p. 181), des calculs numériques approchés, ce que permettent les ordinateurs aujourd'hui.

En 1694, Leibniz introduit les primitives définies à une constante arbitraire près, *moyen universel de donner des solutions générales aux problèmes différentiels.* La conception et les notations de Leibniz s'imposent, celles de Newton sont publiées trop tard pour avoir de l'influence.

Leibniz est le premier président de l'Académie de Berlin, fondée en 1700. Pour son entrée à l'Académie des sciences de Paris, en 1701, il expose le système de numération en base 2 qu'il a conçu en 1679 et qui sera adopté pour nos ordinateurs (voir p. 204).

Leibniz est revenu à plusieurs reprises sur son projet de concevoir une langue universelle, algébrique, écrite avec des symboles, basée sur des concepts primitifs simples, un *alphabet des pensées humaines*, s'appuyant sur des règles de déduction pour découvrir de nouvelles vérités ; *Sans cela, notre esprit ne saurait faire un long chemin sans s'égarer.* Il devance les travaux de logique des propositions qui viendront bien plus tard.

6
LE XVIIIe SIÈCLE

Les académies des grandes capitales européennes, Paris, Berlin, Londres, Saint-Pétersbourg (fondée en 1724), sont les grands centres de la recherche mathématique au XVIIIe *siècle. Elles valent par la qualité de leurs membres prestigieux : Euler, Clairaut, d'Alembert, Lagrange. Ils s'occupent aussi bien de problèmes de mathématiques dites* pures *que de problèmes appliqués d'astronomie, de mécanique, de probabilité…*

Leonhard Euler (1707-1783)

Leonhard Euler est le mathématicien qui a le plus écrit, et sur des sujets très divers ; ses Œuvres complètes comprennent plus de 800 travaux, occupent près de 100 volumes, dont 30 pour les mathématiques, 32 pour la mécanique et l'astronomie. Il a travaillé dans toutes les branches des mathématiques, en analyse, en algèbre, en mécanique, en musique, etc.

La vie d'Euler est relativement simple. Sa mère est d'une famille d'humanistes ; son père est pasteur et souhaite voir son fils faire de même. Mais le jeune Leonhard est passionné par les mathématiques, et il est extrêmement doué. Jean Bernoulli, ami de son père, le conseille et le guide dans ses lectures. Leonhard est ami avec Daniel (1700-1782) et Nicolas (1695-1726), les fils aînés de Jean Bernoulli, tous deux brillants mathématiciens. Ceux-ci obtiennent des postes à l'Académie des sciences de Saint Pétersbourg (qui vient d'être créée par Pierre le Grand, 1672-1725) dans une ville nouvelle, construite par des prisonniers de guerre sur des marais. Daniel fait en sorte que Leonhard puisse les rejoindre, au printemps 1727.

En 1733, Leonhard se marie ; de ses 13 enfants, cinq atteindront l'âge adulte. Euler continuait à travailler quand ils jouaient autour de lui ou lui montaient sur les genoux. En 1735, il tombe gravement malade, sa vie est menacée par de fortes fièvres ; trois ans plus tard, il perd l'usage de l'œil droit.

En 1741, il répond à l'invitation de Frédéric II de rejoindre l'Académie de Berlin ; il en est très heureux ; son activité est extraordinaire, aussi bien scientifique que dans les multiples tâches pour lesquelles il est sollicité. Des désaccords avec Frédéric II (qui entretient une académie sans rien connaître aux sciences et parle d'Euler comme *son géomètre borgne, dont les oreilles ne sont pas faites pour sentir la poésie*) l'incitent à retourner à Saint-Pétersbourg en 1766.

En mars 1770, Euler écrit à Lagrange après le développement de la cataracte dans son œil gauche :

Je me suis fait lire toutes les opérations que vous avez faites sur la formule $101 = pp - 13qq$ *et je suis entièrement convaincu de leur solidité ; mais, étant hors d'état de lire ou d'écrire moi-même, je dois vous avouer que mon imagination n'a pas été capable de saisir le fondement de toutes les déductions que vous avez été obligé de faire et encore moins de fixer dans mon esprit la signification de toutes les lettres que vous y avez introduites. Il est bien vrai que de semblables recherches ont fait autrefois mes délices et m'ont coûté bien du tems ; mais à présent je ne saurois plus entreprendre que celles que je suis capable de développer dans ma tête et souvent je suis obligé de recourir à un ami pour exécuter les calculs que mon imagination projette.*

Une opération sur son œil gauche échoue et Euler devient complètement aveugle en 1771. Lors d'un grand incendie à Saint-Pétersbourg, il manque de périr dans sa maison en flammes ; ses manuscrits sont sauvés. Euler continue à travailler de tête (il était capable de réciter l'*Énéide* par cœur, comme Leibniz), aidé par deux de ses fils et plusieurs autres mathématiciens, discutant avec eux et les laissant rédiger ses idées. Il produira ainsi la moitié de toute son œuvre.

Il se remarie en 1776 avec la demi-sœur de sa première épouse. En 1783, deux de ses filles meurent ; le 18 septembre (7 septembre en Russie), il travaille le matin comme d'habitude, donne une leçon de mathématiques à l'un de ses petits-fils, discute d'Uranus qui vient d'être découverte, a une attaque cérébrale à cinq heures du soir et juste le temps de dire qu'il meurt.

Euler écrit trois grands traités d'analyse, tous en latin, bouleversant la présentation ancienne basée sur la géométrie, donnant des exposés fondateurs d'une richesse prodigieuse. Il commence, en 1748, par l'*Introductio in Analysin Infinitorum* (*Introduction à l'analyse infinitésimale*, traduit en français en 1796) ; suivent les traités sur le calcul différentiel (1755) et sur le calcul intégral (3 volumes, 1768-70).

Le problème de Bâle et la fonction ζ

Posons

$$\zeta(s) = \sum_{n>0} 1/n^s,$$

somme des inverses des entiers strictement positifs élevés à la puissance s. En 1735, Euler résout le problème de Bâle, presque centenaire, en montrant que :

$$\zeta(2) = \pi^2/6.$$

Il montre même beaucoup plus, obtenant $\zeta(n)$ pour n pair : $\zeta(4) = \pi^4/90$, etc., formules dans lesquelles il fera apparaître les nombres de Bernoulli (Jacques). La valeur de $\zeta(n)$ pour n impair lui échappe ; Roger Apéry (1916-1994) a montré en 1978 que $\zeta(3)$ n'était pas un nombre rationnel, on ne sait toujours rien de plus. Un autre résultat extraordinaire et porteur de développements futurs est une formule de 1737, pour $s > 1$:

$$\zeta(s) = \prod_{p \in P} (1 - 1/p^s)^{-1},$$

où le second membre est le produit des $1/(1 - 1/p^s)$ quand p décrit l'ensemble P des nombres premiers, formule qui s'obtient en développant chacun des termes du produit avec la formule

$$1/(1 - x) = 1 + x + x^2 + x^3 + \ldots$$

L'*Introductio in Analysin Infinitorum*

Ce livre de près de 800 pages contient de merveilleuses formules. Dans ses raisonnements, Euler manie les séries comme des polynômes de degré infini, jongle avec leurs racines, écrit des égalités avec des infiniment grands et des infiniment petits qu'on serait souvent bien en peine de justifier, même formellement, mais il retombe toujours sur ses pieds et ses résultats sont magnifiques... et justes ! Euler dit qu'il met *les Lecteurs à portée de se familiariser insensiblement, et en quelque sorte contre leur attente avec l'idée de l'infini.*

La grande innovation est de tout baser sur la notion de fonction, ainsi définie : *Une fonction de quantité variable est une expression analytique composée, de quelque manière que ce soit, de cette même quantité et de nombres, ou de quantités constantes.* Ce sont des exemples qui précisent ce que signifie *expression analytique composée.* Euler classifie les fonctions : polynômes, fractions rationnelles, algébriques, transcendantes. Quand il explique la décomposition des fractions rationnelles en éléments simples, on croirait lire un livre d'exercices actuel. La construction de l'exponentielle est plus qu'approximative. Euler se limite à définir a^z pour $a > 1$ en affirmant qu'il varie de 0 à $+\infty$ en prenant toutes les valeurs intermédiaires sans parler de continuité ni de dérivabilité. C'est Euler qui impose la notation e, qu'il utilise depuis 1727-28. Dans un passage assez obscur, Euler touche au problème de la transcendance de $a^{\sqrt{n}}$ qui ne sera résolu que 200 ans plus tard (voir p. 190).

Les développements de a^z, de $\ln(1 \pm x)$ sont obtenus toujours avec les mêmes méthodes douteuses. Suivent ceux de $\sin x$, $\cos x$ (considérés comme des fonctions et non comme des segments avec une définition géométrique) d'où Euler tire par magie les célèbres formules :

$$\cos x = \frac{e^{x\sqrt{-1}} + e^{-x\sqrt{-1}}}{2} \qquad \sin x = \frac{e^{x\sqrt{-1}} - e^{-x\sqrt{-1}}}{2\sqrt{-1}}$$

$$e^{x\sqrt{-1}} = \cos x + \sqrt{-1}\sin x \quad e^{-x\sqrt{-1}} = \cos x - \sqrt{-1}\sin x$$

En posant $x = \pi$, on obtient $e^{\pi\sqrt{-1}} = -1$, formule fascinante reliant e, $\imath = \sqrt{-1}$, π (Euler n'introduira la notation $\imath$ qu'en 1777, dans un traité publié en 1794). Les nombres complexes, jusque-là utiles pour la résolution des équations algébriques, entraient dans le champ des mathématiques et de la mesure des angles. C'est seulement dans le second volume qu'Euler parle de courbes et de géométrie.

Parmi les travaux d'Euler, notons encore :

– la résolution des équations différentielles linéaires à coefficients constants sans second membre et avec second membre (1750), un texte rédigé après des échanges avec Clairaut ;

– la définition (1735) de la constante d'Euler $\gamma = \lim_{n\to\infty}(1 + 1/2 + 1/3 + \ldots + 1/n - \ln(n)$, très difficile à calculer avec précision et dont on ne sait toujours pas si elle est irrationnelle ou non ;

– des formules de sommation (1753) de séries trigonométriques comme

$$x/2 = \sin x - \frac{1}{2}\sin 2x + \frac{1}{3}\sin 3x \ldots$$

– la résolution (1747) de la controverse (années 1700 et suivantes) sur les logarithmes de nombres négatifs entre Jean Bernoulli et Leibniz, en montrant que tout nombre $z = \rho\, \mathrm{e}^{\imath\theta}$ non nul peut avoir une infinité de logarithmes : $\ln(\rho) + \imath\theta + 2\imath k\pi$;

– la résolution (1735) du problème des ponts de Könisberg qui préfigure (de loin) la topologie et la théorie des graphes ;

– les recherches en théorie des nombres, trouvant (1732) que $2^{32} + 1$ n'est pas premier comme le croyait Fermat, montrant le petit théorème de Fermat (1736, voir p. 87), etc.

Et tant d'autres résultats !

La formule d'Euler-Descartes

Euler obtient en 1750 la formule :

$$f - a + s = 2$$

reliant le nombre de faces f, le nombre d'arêtes a, le nombre de sommets s d'un polyèdre convexe (un cube, un tétraèdre, etc. sont des polyèdres convexes). Par exemple, un cube a $s = 8$ sommets, $a = 12$ arêtes et $f = 6$ faces et $f - a + s = 6 - 12 + 8 = 2$. Descartes était proche de cette formule dans un texte demeuré inconnu jusqu'en 1860.

Alexis Clairaut (1713-1765)

Depuis les disparitions de Pascal et de Fermat, il n'y avait pas eu de très grands mathématiciens en France. Alexis Clairaut est le second de 21 enfants ; le premier étant mort en nourrice, sa mère décide de le nourrir elle-même. Son père enseigne les mathématiques et les lui apprend dès son plus jeune âge. Il est très précoce. À 10 ans, il lit le traité du marquis de l'Hospital et se cache avec son jeune frère pour travailler la nuit. L'Académie des sciences l'accueille à 13 ans à peine pour lire son premier mémoire, puis, à 18 ans, comme membre (le plus jeune jamais élu à l'Académie).

En 1735-37, il organise et participe avec Maupertuis (1698-1759) à l'expédition en Finlande pour mesurer un degré de méridien terrestre. Avec les mesures faites par Bouguer (1698-1758) et La Condamine (1701-1774) en Équateur au même moment, elles établiront que la Terre n'est pas sphérique, mais aplatie aux pôles, comme l'avait pensé Newton. En 1743, Clairaut publie *La théorie de la figure de la Terre* qui fait le point sur les travaux pour déterminer la forme (la figure) de la Terre conçue comme une planète fluide en rotation.

Les *Éléments de géométrie* de 1741 marquent une rupture avec la tradition euclidienne : présentés sous une forme intuitive, ils sont toujours à relire pour enseigner aujourd'hui. Suivent les *Éléments d'algèbre*, en 1746.

Parmi les travaux de Clairaut les plus célèbres figurent l'étude des mouvements de la Lune et, en 1759, le calcul de la date du retour de la comète de Halley avec moins d'un mois d'erreur. C'est encore une confirmation des théories de Newton.

Jean Le Rond d'Alembert (1717-1783)

Sa mère, la marquise de Tencin (1682-1749), l'abandonne sur les marches de l'église Saint-Jean-Le-Rond, à Paris. Il restera jusqu'à 48 ans chez la femme qui le recueille. Son père a constitué un fonds pour lui ; il fait des études brillantes au collège des Quatre-Nations[1].

D'Alembert a cherché à être plus rigoureux que ses contemporains en analyse[2]. Il tente, en 1746, de démontrer le théorème (affirmé depuis longtemps et nécessaire pour l'intégration des fractions rationnelles) que nous appelons théorème de d'Alembert[3], mais son idée ne sera menée à terme que cent ans plus tard. Dans des problèmes de physique, d'Alembert introduit la notion de dérivée partielle.

Équation aux dérivées partielles (EDP)

Dans un phénomène décrit par une fonction dépendant de plusieurs paramètres, une dérivée partielle de la fonction par rapport à l'un d'entre eux est la dérivée de la fonction par rapport à ce paramètre en laissant les autres inchangés. Dans la modélisation des problèmes de mécanique, de physique, de chimie, de biologie, etc., des fonctions de plusieurs variables peuvent vérifier des relations entre leurs dérivées partielles (ou les dérivées partielles de celles-ci, etc.) ; on dit que la fonction vérifie une équation aux dérivées partielles, en abrégé EDP.

Comme pour les équations différentielles, la résolution des EDP n'est pas, en général, possible en termes de fonctions connues et on est conduit aux mêmes problèmes souvent extrêmement difficiles et objet de recherches actuelles.
C'est dans ses *Réflexions sur la cause générale des vents* de 1747, qui étudient les effets de marée dans l'atmosphère, que d'Alembert introduit les premières EDP. Elles sont encore présentes dans l'*Essai d'une nouvelle théorie de la résistance des fluides* qui suit. Euler complète les résultats de d'Alembert dans une série de travaux et donne, en 1755, l'équation (une EDP) des fluides parfaits (c'est-à-dire sans viscosité, un terme d'Euler) incompressibles. D'Alembert remarque que, dans de tels fluides, on peut déplacer un objet sans résistance, un *paradoxe singulier que je laisse les Géomètres futurs résoudre* (on a montré depuis que ce paradoxe peut se réaliser si aucun tourbillon ne se forme dans le déplacement de l'objet).

En 1747, la description du mouvement d'une corde qui vibre, tendue entre deux points fixes, conduit d'Alembert à l'EDP

$$\frac{\partial^2 u(t,x)}{\partial t^2} = a^2 \frac{\partial^2 u(t,x)}{\partial x^2}$$

($a = 1$ pour d'Alembert) que ses prédécesseurs n'avaient pas trouvée (u est une fonction de deux variables et $u(t,x)$ est la position au moment t du point d'abscisse x de la corde). D'Alembert donne une infinité de solutions sous la forme : $f(x-at)+g(x+at)$, f et g étant des fonctions déterminées par la forme initiale de la corde, décrite par une fonction quelconque, et la vitesse de ses points.

Se pose alors le problème de savoir ce que sont les fonctions quelconques. D'Alembert pense à quelque chose défini par une seule formule, avec des fonctions usuelles, mélangeant les nécessités physiques et mathématiques. Euler donne un autre avis : *la première vibration dépend de notre bon plaisir*... envisageant *toutes les manières par lesquelles une quantité peut être déterminée par d'autres*. Les deux savants s'engagent dans une longue controverse. En 1753, Daniel Bernoulli pense que toutes les fonctions peuvent s'exprimer à l'aide de séries trigonométriques. Euler l'exclut, en 1755 ; en 1765, il dit (en latin) que les courbes quelconques ne sont pas définies par une équation et s'obtiennent par un tracé libre de la main. Son travail sur les cordes vibrantes conduit d'Alembert en 1752 à écrire sur la musique, pour discuter les textes théoriques de Rameau (1683-1764) sur les harmonies.

Enfin, d'Alembert est célèbre pour avoir dirigé (jusqu'en 1758) l'*Encyclopédie* (dite *la grande encyclopédie*), un énorme travail qu'il accomplit avec Diderot (1713-1784) et Jaucourt (1704-1779), rédigeant le *Discours préliminaire* (en 1751) et beaucoup d'articles mathématiques novateurs. L'œuvre aura une importance capitale pour le développement des idées nouvelles en France et en Europe ; c'est une des sources de la Révolution française et un modèle pour toutes les encyclopédies qui suivent[4].

L'*Encyclopédie* était rédigée par articles et il fallait parfois en lire cent *pour avoir une idée suffisante d'un sujet*. Le grand libraire Charles-Joseph Pancoucke (1736-1800) conçut le projet monumental d'une encyclopédie organisée par matière. Plus de 200 volumes parurent de 1782 à 1832. Parmi les premiers parus, trois sont consacrés aux mathématiques ; les articles, précis et pleins d'enthousiasme, sont écrits à partir de ceux de la grande encyclopédie. Ces livres, qui dressent un panaroma complet des mathématiques à la veille de la Révolution, sont dignes d'admiration.

Joseph-Louis Lagrange (1736-1813)

Giuseppe Lodovico Lagrangia est né à Turin, dans le Piémont. D'une famille franco-italienne, il est français pour les Français, italien pour les Italiens. Il est l'aîné de 11 enfants dont deux seulement atteindront l'âge adulte. Vers 16 ans, il commence à s'intéresser passionnément aux mathématiques, se formant seul par des lectures. *Si j'avais été riche, je n'aurais pas fait mon état des mathématiques*, disait-il.

Ses premiers travaux, à 20 ans, développent le calcul des variations (voir p. 87). Euler reconnaît vite sa valeur. Dans les années qui suivent, il aborde des problèmes très divers, montrant comment le calcul différentiel peut rendre compte des phénomènes physiques de la nature : la propagation des sons en 1759-60, la mécanique céleste (mouvement de la Lune dont une face est toujours tournée vers la Terre en 1764)... Mais Lagrange était isolé à Turin. Quand Euler quitte Berlin, en 1766, il accepte (conseillé par d'Alembert) l'offre de Frédéric II de venir le remplacer.

En 1770, il donne une démonstration d'un énoncé dont Fermat affirmait avoir une démonstration : *tout nombre entier est la somme de quatre carrés d'entiers*, comme $43 = 5^2 + 4^2 + 1^2 + 1^2$ (basée sur le fait que le produit de deux sommes de quatre carrés est une somme de quatre carrés, d'après une identité d'Euler, voir p. 164). Il reprend le problème de la résolution algébrique des équations, dans un mémoire de plus de 200 pages, dégageant les principes qui ont permis de résoudre les équations de degré 2, 3 et 4 (voir p. 19 et p. 67) et ouvrant la voie aux idées d'Abel et Galois[5]. Le théorème de Lagrange disant que l'ordre d'un sous-groupe d'un groupe fini divise l'ordre de ce groupe est nommé d'après un résultat de ce texte (la théorie des groupes n'existait pas alors). Puis il développe la théorie des *fractions continues*, montrant que le développement d'un nombre algébrique de degré 2 (autrement dit, solution d'une équation du second degré à coefficients entiers) est périodique à partir d'un certain rang et résolvant complètement les équations de Fermat $x^2 - dy^2 = \pm 1$ à l'aide de ces développements. En 1773, son étude des formes quadratiques $ax^2 + bxy + cy^2$, avec a, b, c entiers, et des valeurs qu'elles peuvent prendre quand x, y sont entiers, apporte une nouvelle moisson de résultats en arithmétique. Les progrès de la théorie des nombres au XVIIIe siècle sont dus à deux mathématiciens seulement : Euler et Lagrange.

Le problème des trois corps

Les travaux de Lagrange sur le problème des trois corps (voir p. 103) lui font découvrir, en 1772 que, dans un système composé du Soleil, d'une planète et d'un astéroïde peu massif, il existe pour ce dernier cinq positions d'équilibre, trois alignées sur la droite joignant le Soleil à la planète et deux sur l'orbite de la planète, la devançant ou la suivant de soixante degrés ; de tels astéroïdes sont appelés troyens. Jupiter en possède de nombreux (plus de 5 000), découverts à partir de 1906. On a découvert très récemment (2010, 2020) deux astéroïdes troyens de la Terre, ayant environ 300 mètres de diamètre. L'existence de telles positions d'équilibre pour quatre corps est toujours ouverte.

Les travaux de Lagrange en mécanique des fluides, publiés en 1781, sont aussi fondamentaux. Il discute et corrige les démarches de ses devanciers, résout des problèmes difficiles, introduit des concepts nouveaux et ouvre de nouvelles voies.

Quand sa femme et son ami d'Alembert meurent, fin 1783, Lagrange souffre de la solitude ; il est terriblement déprimé. Il accepte, en 1787, l'offre de venir en France comme membre de l'Académie. Il publie enfin, en 1788, sa *Méchanique analitique*, rédigée quelques années auparavant à Berlin. C'est un grand livre qui renouvelle les problèmes de la mécanique en les posant de façon purement mathématique et en les ramenant à la résolution d'équations différentielles ; il est sans figure. La partie mathématique est bien séparée, intermédiaire entre la mise en équation et l'interprétation des résultats. L'influence de ce traité sera grande.

Mais Lagrange ne fait plus de mathématiques, il est silencieux, rêveur, s'isole ; il travaille aussi avec Lavoisier (1743-1794), s'intéresse aux sciences chimiques (devenues *aisées comme l'algèbre*, dit-il), à l'absorption de l'oxygène par le sang, pressentant l'existence de l'hémoglobine.

Puis viennent les années de la Révolution.

7
En France, autour de la Révolution

Pendant les dernières années de l'Ancien régime, des savants éminents font partie de l'Académie des sciences de Paris, s'y rencontrant, s'y concurrençant. Plusieurs d'entre eux participent au mouvement révolutionnaire. Condorcet y trouve malheureusement la mort. Monge crée l'École polytechnique qui devient immédiatement un grand centre de formation, en particulier pour les mathématiciens français.

Condorcet (1743-1794)

Marie Jean Antoine Nicolas de Caritat, marquis de Condorcet tient son nom d'un village de la Drôme. C'est un élève brillant, remarqué par d'Alembert. Ses premières publications, sur des équations différentielles et le calcul intégral, lui valent d'entrer à l'Académie des sciences à 26 ans. Il s'engage dans la politique aux côtés de Turgot (1727-1781) dont il défendra les options économiques. Travailleur infatigable, il cumule peu à peu des fonctions importantes et prenantes : secrétaire perpétuel de l'Académie des sciences et membre de l'Académie française du côté scientifique et philosophique, inspecteur général de la Monnaie et responsable des canaux, du côté économique et politique. Il s'intéresse également à l'éducation. En mathématiques, il est surtout connu pour ses études pionnières de probabilités, ses réflexions sur l'Arithmétique politique et un célèbre paradoxe[1].

Le paradoxe de Condorcet

Les études de Condorcet sur les systèmes de vote le conduisent, parmi d'autres résultats, à un paradoxe célèbre : des choix de classements de trois candidats A, B, C, peuvent aboutir à ce que, à la majorité, on ait $A > B, B > C$... et aussi : $C > A$! ce qui semble paradoxal. Voici un exemple. On suppose que les différents ordres sur A, B, C ont recueilli les nombres de voix suivants : 200 pour $A > B > C$, 150 pour $B > C > A$, 30 pour $B > A > C$, 100 pour $C > A > B$ et pour $C > B > A$. On voit que $A > B$ recueille 300 voix alors que $B > A$ en recueille 280, $B > C$ recueille 380 voix alors que $C > B$ en recueille 200, $C > A$ recueille 350 voix alors que $A > C$ en recueille 230.

Lisons Condorcet présentant en 1787 les *Lettres de M. Euler à une princesse d'Allemagne* : *L'idée qu'on s'est formée de la difficulté des sciences nuit au progrès des lumières et n'est pas fondée. Il est bien peu d'esprits... qui ne soient susceptibles de recevoir les idées nécessaires pour les combinaisons mathématiques, de prendre l'habitude de s'y arrêter, et le goût des vérités simples qu'elles présentent.*

Gaspard Monge (1746-1818)

Monge est Bourguignon, né à Beaune où il se forme[2]. En 1764, témoin de ses talents, un officier lui propose de venir enseigner le dessin et la coupe des pierres à l'École du génie de Mézières (dans les Ardennes), la première école destinée à la formation des ingénieurs militaires ; comme il n'est pas d'origine noble, il n'est pas question de lui confier d'autres tâches ! Il étonne ses supérieurs en inventant de nouvelles techniques de tracé pour la construction des fortifications : c'est le début de la géométrie descriptive, mais la direction de l'école lui impose le secret. Monge peut aborder des problèmes très concrets qui conduisent loin[3].

Mémoire sur la théorie des déblais et remblais

C'est au début de 1776 que Monge lit ce mémoire à l'Académie des sciences. Pour comprendre le problème posé par Monge, entreprenons de transporter avec une brouette un certain nombre de paquets (tous identiques), disons trois, posés en des points A_1, A_2, A_3 d'une surface plane horizontale, de la manière la plus économique possible, en des points B_1, B_2, B_3 de cette surface. Les transports se font en ligne droite, le problème étant de déterminer vers quel point transporter chacun des paquets pour que la somme des distances parcourues en portant les paquets soit la plus petite possible. Dans la figure 7.1, la seconde façon est visiblement plus économique que la première. Dans le cas où l'on veut transporter des volumes formés de particules infinitésimales, Monge est conduit à une situation géométrique, une façon de voir où il excelle, et à une EDP compliquée où les trajectoires de déplacement des particules sont situées dans l'espace (les brouettes deviennent des fusées !). Le problème de Monge est un problème de *recherche opérationnelle* ; il est exemplaire de la façon dont Monge mêle la théorie et la pratique et est à l'origine des problèmes dits de transport optimal.

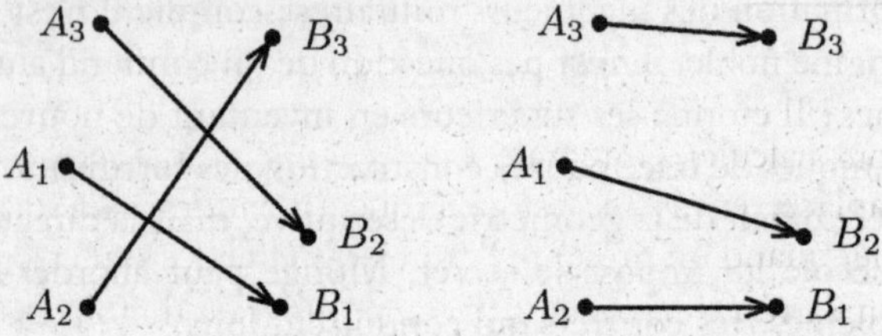

Figure 7.1. Deux façons de transporter des paquets de A_1, A_2, A_3 vers B_1, B_2, B_3.

Monge est doué pour tout ; en chimie, il réussit la synthèse de l'eau par explosion à partir de l'oxygène et de l'hydrogène, mais il apprend qu'il a été devancé ; il contribue au succès des idées de Lavoisier (1743-1794), etc.

Pierre-Simon de Laplace (1749-1827)

Pierre-Simon de Laplace est normand, né dans le pays d'Auge. D'une famille de fermiers, il se découvre goût et don pour les mathématiques à l'université de Caen. Il part à Paris, est aidé par d'Alembert.

En 1782, Laplace introduit ce qu'on appellera la transformée de Laplace, qui associe à une fonction de variable réelle f la fonction F définie par $F(p) = \int_0^{\infty} f(t)\,\mathrm{e}^{-pt}\,dt$. Cette transformation change les dérivations et les intégrations en multiplications et divisions. Des tables de transformées de Laplace devaient rendre d'énormes services dans la résolution d'un certain nombre d'équations différentielles issues de problèmes physiques.

L'astuce de Laplace

Pour calculer l'intégrale $I = \int_0^{\infty} \mathrm{e}^{-x^2}\,dx$, l'astuce de Laplace, en 1774, est magique (il faudrait le souligner quand on présente l'exercice en licence) : il calcule son carré I^2 en passant par une intégrale double et un passage en coordonnées polaires :

$$I^2 = \left(\int_0^{\infty} \mathrm{e}^{-x^2}\,dx\right)^2 = \int_0^{\infty} \mathrm{e}^{-x^2}\,dx \int_0^{\infty} \mathrm{e}^{-y^2}\,dy$$

$$= \int_0^{\infty}\int_0^{\infty} \mathrm{e}^{-(x^2+y^2)}\,dxdy = \int_0^{\pi/2}\int_0^{\infty} \rho\,\mathrm{e}^{-\rho^2}\,d\rho d\theta = \pi/4.$$

D'où $I = \sqrt{\pi}/2$.

Les années suivantes, Laplace continue de travailler sur le Système solaire. Avec la mécanique newtonienne et des calculs de perturbations plus précis que ceux de ses prédécesseurs, il réussit enfin à rendre compte exactement d'une variation périodique, sur plusieurs siècles, des mouvements de Jupiter et Saturne. Ses calculs sont compatibles avec les observations depuis l'année 240 avant notre ère. Laplace y voit *une nouvelle preuve de l'admirable théorie* de Newton. Il pense avoir montré la stabilité du système solaire, mais ses approximations ne valent, on le comprendra plus tard, que pour des durées limitées. Il introduit un nouvel opérateur, le *Laplacien*, noté Δ, une notion qui va se retrouver dans beaucoup de problèmes de physique et conduire à de nouvelles EDP : $\Delta f = \sum \frac{\partial^2 f}{\partial x_i^2}$.

Adrien-Marie Legendre (1752-1833)

On sait fort peu de choses de sa jeunesse, sinon qu'il a fait ses études au collège Mazarin à Paris. Depuis Newton se posait le problème de la forme de la Terre, pensée comme une planète fluide, de forme peu différente d'une sphère, en rotation uniforme autour d'un axe passant par son centre. Pour étudier ce problème, Legendre introduit un développement en série qui le conduit à des polynômes dont il aperçoit bientôt de nombreuses propriétés. Ces polynômes, dits *orthogonaux*, portent maintenant son nom et jouent un rôle dans de nombreuses branches des mathématiques et de la physique. Les portes de l'Académie des sciences lui sont ouvertes.

Legendre aimera toujours la théorie des nombres ; en 1785, il publie une démonstration (incomplète) de la loi de réciprocité quadratique (qui sera démontrée par Gauss, voir p. 144) et énonce le théorème de la progression arithmétique qui sera démontré par Dirichlet en 1837 (voir p. 157) : *Étant donnés deux entiers a et b premiers entre eux, il existe une infinité de nombres premiers de la forme* $ak + b$. Par exemple, la suite des nombres impairs, la suite des nombres de la forme $3n + 17$, etc. contiennent une infinité de nombres premiers.

La période révolutionnaire en France

La période révolutionnaire voit le triomphe des mathématiques dans l'enseignement et dans les sciences[4]. À Rennes, par exemple, la chaire de mathématiques est rétablie au collège en mars 1791, car *les mathématiques sont justement regardées comme la base de toutes les sciences* et c'est *l'enseignement le plus utile, le plus propre à former des hommes.*

En 1793, la Convention fait table rase des structures existantes ; l'Académie des sciences est supprimée le 8 août. Puis vient le temps de la reconstruction.

La conception de l'École polytechnique remonte à mars 1794, en pleine Terreur. Le premier concours a lieu à l'automne et les cours commencent fin décembre. La rapidité de la mise en place est étonnante. L'enseignement est novateur. Elle va jouer un rôle prépondérant dans la recherche française et déterminer toute la structure de la formation des élites du pays jusqu'à aujourd'hui. Monge est l'âme de cette création, il en est l'enseignant principal ; c'est un professeur prodigieux, chaleureux avec ses élèves, les enthousiasmant à chaque instant : *D'autres parlent mieux, personne ne professe aussi bien*, disait Arago. Il est à l'origine du succès de l'école, prenant sans cesse des initiatives. Il dispose enfin de temps pour faire étudier sa géométrie descriptive. La mécanique appliquée se développe également rapidement. Le journal de l'École devient un grand journal de mathématiques, publiant des cours et des travaux des professeurs.

L'École normale de l'an 3 est ouverte de janvier à mai 1795. Lagrange, Laplace, Monge donnent les cours de mathématiques[5]. L'ambition est presque folle : former en quelques semaines plus de 1000 personnes à l'enseignement ! Les cours ont lieu dans le grand amphithéâtre du Museum national d'histoire naturelle au Jardin des plantes, non chauffé. Les trois intervenants parlent des mathématiques qui se font et ne restent pas au niveau élémentaire qui leur était demandé : c'est un extraordinaire vent de fraîcheur et de nouveauté, mais combien d'auditeurs en ont profité sur le moment ?

Le 3 brumaire an 4, les écoles centrales sont créées en remplacement des collèges, une par département. Les mathématiques y seront, après les cours de dessin, les cours les plus choisis ; elles conserveront un rôle important dans les lycées napoléoniens, moins nombreux que les écoles centrales. L'Institut est créé pour remplacer l'Académie des sciences, avec plusieurs classes et des sections. Tout le monde est maintenant convaincu que la part des sciences, et des mathématiques en particulier, doit être très importante ; les membres de l'ancienne Académie des sciences retrouvent des postes. Tout était en place pour que Paris reste la capitale des mathématiques pendant encore un demi-siècle. Napoléon (1769-1821), qui aimait les mathématiques et en lisait, couvrira d'honneurs ses mathématiciens.

Condorcet (suite)

Condorcet s'est engagé pleinement dans la Révolution ; il a été l'un des seuls de son époque à se battre contre l'esclavage, répondant aux colons qui déclarent qu'on ne peut manger de sucre qu'à ce prix, qu'il faut alors savoir renoncer à *une denrée souillée du sang de nos frères*. Athée, il défend la liberté de culte, est pour l'égalité entre les hommes, pour l'instruction, pour l'égalité entre les sexes : *Je crois que la loi ne devrait exclure les femmes d'aucune place*[6].

Les cahiers de doléances demandaient l'uniformisation des poids et mesures dans le royaume. Une commission de l'Académie des sciences, dirigée par Condorcet et comprenant Lagrange, Laplace, Lavoisier, se met en place en mai 1790. Fin octobre, la commission fait un choix décisif : celui du système décimal, préféré au système de base 12 soutenu par Lagrange. En mars 1791, se fait le choix de la nouvelle unité de longueur (qu'on appellera le *mètre*) : c'est la quarante millionième partie du méridien terrestre. Un mètre provisoire est défini à partir des mesures précédentes de la Terre. Pour définir le mètre définitif, qu'on pense voir adopté par le monde entier, la mesure de 9 degrés du méridien passant par Dunkerque et Barcelone est décidée. Elle sera réalisée de 1792 à 1799 par Jean-Baptiste Delambre (1749-1822) et Pierre Méchain (1744-1804), avec la même méthode de triangulation que dans la mesure de Picard (voir p. 97), mais avec de nombreux perfectionnements techniques et mathématiques.

Condorcet refuse de voter la mort du roi. En juillet 1793, il échappe à l'arrestation, se cache, rédige sans documents son *Esquisse d'un tableau historique des progrès de l'esprit humain*, beau livre plein d'espoir dans l'avenir. Son travail achevé, se sentant en danger, il quitte sa cachette, en laissant quelques mots affectueux pour les siens. Il erre déguisé en banlieue, est arrêté le 7 germinal an II (mars 94), sans être identifié, dans une taverne de Clamart, pour avoir éveillé la suspicion par sa mise et, dit-on, sa commande d'une omelette de 12 œufs. Il est retrouvé mort le surlendemain matin dans sa cellule. Mort naturelle ou suicide, on ne sait.

Lagrange (suite)

Lagrange a toujours été d'une très grande gentillesse et d'une grande douceur. En 1792, la fille de l'astronome Le Monnier (1715-1799) lui propose un nouveau mariage. Elle est beaucoup plus jeune que lui, mais Lagrange accepte : c'est cela qui a le plus de prix dans la vie. Une grande tendresse les unit.

Le 8 mai 1794, Lavoisier est guillotiné, pour avoir été fermier général ; Lagrange déclare tristement : *Il ne leur a fallu qu'un moment pour faire tomber cette tête, et cent années peut-être ne suffiront pas pour en produire une semblable.*

On propose à Lagrange d'enseigner à l'École normale de l'an III, puis dans la nouvelle École polytechnique ; il se remet au travail, rédige très vite son cours d'analyse. La *Théorie des fonctions analytiques contenant les principes du calcul différentiel dégagés de toute considération d'infiniment petits ou d'évanouissants, de limites ou de fluxions, et réduits à l'analyse algébrique des quantités finies* forme le neuvième cahier du Journal de l'École polytechnique en 1798 (prairial an V). C'est là que Lagrange impose les notations f, f', f'', f''', etc. pour les dérivées successives d'une fonction. Pour Lagrange, les fonctions se développent en série et il base tout son livre sur la formule de Taylor[7], portant un soin particulier à l'étude du reste de la série. Il peut ainsi établir le lien classique pour l'étude des fonctions entre le signe de la dérivée et le sens de variation, ce qu'on considérait jusque-là comme évident. Le cours de Lagrange aura une grand retentissement, mais ce n'était qu'une étape.

Parmi ses derniers résultats, citons ceux obtenus en 1808-1810 sur les mouvements des planètes, proches de ceux qu'obtient alors Siméon-Denis Poisson (1781-1840). En concevant ces mouvements comme des ellipses variant lentement au cours du temps, Lagrange découvre des structures mathématiques nouvelles, comme ce qu'on appellera le crochet de Poisson, à l'origine de la géométrie *symplectique* (le mot vient du mot *complexe* en grec).

Monge (suite)

Monge se révèle un ardent patriote ; il est l'un des six ministres du gouvernement Roland (1734-1793) qui se met en place après le 10 août 1792, celui de la Marine. Tout est à réorganiser et à reconstruire, la plupart des personnes compétentes sont parties et les navires en mauvais état. Inlassable, Monge met en chantier 123 bateaux, s'occupe des approvisionnements en bois, en métal, en chanvre, de la défense des côtes et des colonies... Il réussit à quitter son poste le 9 avril 1793 au milieu des luttes politiques entre Girondins et Montagnards, sa sympathie l'orientant vers ces derniers.

Quand, pour conjurer la montée des périls intérieurs et extérieurs, la Convention appelle à la levée en masse, le 23 août 1793, Monge, et d'autres savants qu'il entraîne à sa suite, vont trouver en quelques mois des moyens de fabriquer près de mille fusils par jour (en fondant tout ce qu'ils trouvent), d'organiser partout la récupération du salpêtre, d'étudier la fabrication des canons dans les fonderies du Creusot, d'avoir des ballons espionnant les mouvements de l'adversaire pendant les batailles. L'explosion de la grande fabrique de poudre installée à Grenelle (mille morts) ralentit à peine l'effort de guerre. Levé à 4 heures chaque jour, Monge trouve encore le moyen de rédiger sa *Description de l'art de fabriquer les canons*, un traité très riche d'indications techniques et un modèle d'exposition. L'enthousiasme et l'énergie de scientifiques comme Monge ont contribué aux victoires des armées françaises.

L'activité de Monge en l'an III est encore exceptionnelle ; il se partage entre ses cours à l'École normale (les comptes rendus édités par Jean Dhombres montrent la profonde maîtrise mathématique de Monge), puis ceux à Polytechnique, rédige sa *Géométrie descriptive*, rééditée et traduite maintes fois au cours du siècle suivant, louée par Gauss.

Monge est sollicité par Bonaparte pour aller sélectionner des œuvres d'art dans les musées italiens pendant la campagne d'Italie. Il doit laisser à Paris sa femme et ses filles, qu'il adore. De Rome, il envoie des caisses pleines de documents à Paris ; dans l'une d'elles, le manuscrit 190 du Vatican (voir p. 30). En 1798, il prend part à l'expédition d'Égypte, une aventure incroyable où son activité scientifique est là aussi très dense : il est président de l'Institut d'Égypte (fondé par Bonaparte), explique ce qu'est un mirage, etc.

La Restauration exclut Monge de l'Institut et de l'École polytechnique ; avec la maladie, les dernières années de Monge sont tristes[8].

Laplace (suite)

Pendant plus d'un an, Laplace s'éloigna prudemment de Paris et vécut à Melun. À partir de 1796, ses publications de mécanique céleste sont magnifiques ; d'abord un texte de vulgarisation, sans équations : *L'exposition du système du monde* (où il esquisse en conclusion son hypothèse de la formation du système solaire à partir d'une nébuleuse primitive, qui s'est imposée aujourd'hui), puis le grand *Traité de mécanique céleste* (un titre que Poincaré reprendra cent ans plus tard en hommage), en cinq volumes, immense travail rassemblant tous les calculs de ses prédécesseurs et les siens. Les longueurs sont exprimées en mètres, le jour et l'angle droit sont décimalisés.

La publication de la méthode des moindres carrés de Gauss en 1809 conduit Laplace à reprendre ses travaux de probabilité. Il obtient un *théorème central limite* (donnant la probabilité de l'erreur sur une moyenne théorique en prenant la moyenne de n observations) ; sa *Théorie analytique des probabilités* date de 1812. Gauss reprendra le problème en 1821 ; la théorie des probabilités se construisait dans cette discussion entre géants.

L'hypothèse déterministe

En 1814, Laplace énonce avec une grande netteté dans son *Essai philosophique sur les probabilités* l'hypothèse déterministe ; le texte est célèbre : *Nous devons donc envisager l'état présent de l'Univers comme l'effet de son état antérieur, et comme la cause de celui qui va suivre. Une intelligence qui, pour un instant donné, connaîtrait toutes les forces dont la nature est animée, et la situation respective des êtres qui la composent, si d'ailleurs elle était assez vaste pour soumettre ces données à l'analyse, embrasserait dans la même formule les mouvements des plus grands corps de l'Univers et ceux du plus léger atome. Rien ne serait incertain pour elle, et l'avenir, comme le passé, serait présent à ses yeux.*

Mais la superintelligence n'existe pas ; la connaissance des forces à un instant donné n'est qu'approximative ;

les probabilités seront utiles dans bien des domaines ; les comportements chaotiques vont apparaître plus tard.

En 1814-1815, Laplace négocie bien le changement de régime et continue à jouer un rôle important.

Legendre (suite)

En 1794, Legendre publie ses *Éléments de géométrie*. Le succès de ce livre est exceptionnel ; il prend la place du livre d'Euclide dans l'enseignement, en France comme aux États-Unis, pour au moins un siècle. On peut s'amuser de voir au fil des éditions Legendre soit annoncer avec fierté qu'il donne une démonstration du cinquième postulat, soit annoncer que la démonstration donnée dans la précédente édition connaît *quelques difficultés* ; Legendre n'a pas pressenti les géométries non euclidiennes.

Après le grand article de 1785, le livre de *Théorie des nombres* est une autre grande réussite de Legendre, sans cesse repris et augmenté. La première édition date de 1798 (400 pages). Legendre y reprend l'ensemble de ses travaux antérieurs. Il complète le théorème des quatre carrés de Lagrange (voir p. 121) par un théorème des trois carrés : tout nombre impair qui n'est pas de la forme $8n + 7$ est somme de trois carrés (par exemple, $43 = 5^2 + 3^2 + 3^2$), et bien d'autres résultats. Dans l'édition de 1808, Legendre conjecture que le nombre $\pi(x)$ de nombres premiers inférieurs à x est équivalent à $x/\ln(x)$ quand $x \rightarrow \infty$; cette conjecture (que Gauss s'amusait à vérifier 15 ans auparavant) ne sera prouvée que près de cent ans plus tard (voir p. 193). Legendre écrit des suppléments en 1816 et 1825 ; la dernière édition, une synthèse (1830), comporte plus de 850 pages.

Enfin, dans les années 1810, Legendre s'attaque aux intégrales elliptiques. Son grand traité sur ce sujet (3 volumes parus de 1825 à 1830) est publié au moment où Abel et Jacobi trouvent des idées entièrement nouvelles sur ces intégrales. Legendre en est profondément heureux et l'écrit à Jacobi. Il a près de 80 ans. Il s'est opposé au pouvoir royal en 1824 et a perdu sa pension ; il meurt dans la pauvreté. Poisson prononce son éloge : *Notre confrère a souvent exprimé le désir qu'en parlant de lui, il ne fut question que de ses travaux, qui sont, en effet, toute sa vie.* Plusieurs fois, il aura manqué les grands résultats dont il était proche, en géométrie, en théorie des nombres, en analyse[9].

Joseph Fourier (1768-1830)

Joseph Fourier est un Bourguignon né à Auxerre dans une famille très pauvre. En 1793, il s'engage dans le mouvement révolutionnaire : *Je me passionnais pour cette cause...*, ce qui lui vaut d'être fortement inquiété[10]. Il suit les cours de l'École normale de l'an III, se fait remarquer par ses questions. Monge le soutient fortement pour qu'il puisse enseigner à Polytechnique ; il y trouve rapidement sa place. En 1798, il prend part à l'expédition d'Égypte, une aventure où il déploie tous ses talents d'organisateur et de diplomate (il dirige le pays, négocie sans cesse, tout en étant secrétaire perpétuel de l'Institut d'Égypte).

Fourier espérait à son retour reprendre le cours de ses recherches et de ses enseignements, mais Bonaparte le nomme préfet de l'Isère. Fourier est un très grand préfet, infatigable ; il anime la vie intellectuelle grenobloise, se lie d'amitié avec Jean-François Champollion (1790-1832), fait construire la route du col du Lautaret pour relier Grenoble à Briançon... Il trouve le temps de développer, seul et isolé, son travail pionnier sur la théorie de la chaleur, fait des expériences avec un matériel rudimentaire pour comprendre comment elle se propage dans des corps aux formes variées (prismes, anneaux, etc.), comment elle atteint un équilibre. Il présente ses résultats à l'Académie en 1807. Les académiciens Lagrange et Poisson ne sont pas très convaincus, critiquant le manque de rigueur et ne croyant pas que des séries trigonométriques puissent bien modéliser des phénomènes physiques. C'est un échec provisoire.

Après l'épisode des Cents jours, Fourier réussit à se faire élire à l'Académie en 1817 ; il en devient secrétaire perpétuel en 1822. C'est l'année où il publie, enfin, sa *Théorie analytique de la chaleur*. Pour Fourier, l'essentiel des mathématiques est ce qui permet d'étudier la nature : *L'étude approfondie de la nature est la source la plus féconde des découvertes mathématiques... Il ne peut y avoir de langage plus universel et plus simple, plus exempt d'erreurs et d'obscurités...* Il dégage la notion de *flux* et montre que l'équation de la chaleur (qu'il connaît depuis 1807) est une EDP de la forme :

$$a\Delta f = \frac{\partial f}{\partial t}.$$

Il introduit les séries trigonométriques pour la résoudre. On parle aujourd'hui d'analyse de Fourier pour déterminer les séries de Fourier associées à une fonction de la nature, qu'elle provienne de la physique, de signaux venant de l'espace, de scanners en médecine, etc. Les fameuses formules dites de Fourier (déjà connues de Clairaut et d'Euler) reliant une fonction à sa série de Fourier vont donner beaucoup de travail aux mathématicien(ne)s pour comprendre à quelles fonctions elles peuvent réellement s'appliquer, étudier les problèmes de convergence, trouver des contre-exemples, construire des théories de l'intégration pour les fonctions utilisées (intégrales de Riemann et de Lebesgue), des sujets difficiles que Fourier avaient abordé avec un manque total de rigueur.

Fourier est sans doute le premier à dire clairement ce qu'est une fonction quelconque : *une suite de valeurs dont chacune est arbitraire*. On lui doit également la notation des intégrales définies avec la mention des deux bornes a et b : $\int_a^b f(x)\, dx$, ce qu'on mentionnait avant en toutes lettres.

Avec Fourier, les mathématiques et la physique se rejoignent. La descendance mathématique de Fourier est immense. Ses travaux doivent maintenant avoir changé la vie de la quasi-totalité de l'humanité puisque la décomposition d'un signal périodique de période T en signaux sinusoïdaux de périodes T/n sert sans cesse. Fourier a toujours été d'une grande courtoisie et d'une grande réserve. Il avait de la sympathie pour Sophie Germain, isolée comme lui. On ne lui connaît aucune aventure féminine, mais il est mort d'un problème de cœur.

Journal de Stendhal

Stendhal (pseudonyme d'Henri Beyle, 1783-1842) a parlé dans ses écrits biographiques (*Vie de Henri Brulard* pour sa jeunesse, *Journal* de 1801 à 1823, etc.) de son goût pour les mathématiques, un témoignage rare.

Stendhal étudie les mathématiques avec passion pendant trois ans à l'École centrale de Grenoble. Son professeur est limité et Stendhal suit aussi un cours particulier avec un professeur plus intéressant : *Il estimait Clairaut et c'était une chose immense que de nous mettre en contact avec cet homme de génie et nous sortir un peu du plat Bézout. Il avait Bossut et l'abbé Marie, et... même quelques petites choses de Lagrange...*

Il y avait des tableaux placés sur des estrades, *une ardoise de six pieds sur quatre* (Stendhal en donne des croquis), où il fallait démontrer un théorème, *par exemple le carré de l'hypoténuse*, ou faire des calculs.

En 1836, Stendhal se rappelle : *Mon enthousiasme pour les mathématiques avait peut-être pour base principale mon horreur pour l'hypocrisie.* Il aimait la logique et posait de bonnes questions auxquelles ses professeurs étaient incapables de répondre : *Que devins-je quand je m'aperçus que personne ne pouvait m'expliquer que moins par moins donne plus ?* La seule réponse qu'il obtient : *Mais c'est l'usage... Euler et Lagrange, qui apparemment valaient autant que vous, l'ont bien admise.* Quand il commence la *Statique* de Monge, il affirme : *quel noir s'empara de mon âme*, quand il lit que *Deux lignes parallèles peuvent être considérées comme se rencontrant si on les prolonge à l'infini* (il s'agit de forces). Ce n'est pas la définition des lignes parallèles qu'on lui a enseignée ; personne ne peut lui expliquer la contradiction !

En septembre 1799, Stendhal obtient le premier prix de mathématiques ; il monte à Paris et tout le monde pense qu'il va rentrer à l'École polytechnique ; il a le niveau, ses condisciples de Grenoble le font tous. Mais il a bien d'autres désirs, il entre dans une nouvelle vie, remplie d'aventures (la campagne de Russie...), de voyages, d'amours successives, écrivant sans cesse... jusqu'à ses grands textes !

L'opinion de Stendhal sur les mathématiciens de son temps était contrastée : il admirait Lagrange et Monge, faisait moins de cas de Laplace. Pour Fourier qu'il rencontre, encore préfet, à Grenoble, en 1814, son opinion est désolante : il le juge ennuyeux, trop bavard, *petit savant spirituel à âme parfaitement petite...*

Tout mathématicien pourrait dire comme Stendhal : *Heureusement pour nous (c'est l'avantage de nos études), notre plaisir et notre travail se confondent.*

L'invention de mondes nouveaux

Jusqu'à la fin du XVIIIe siècle, les mathématiques restent proches du monde physique (exceptée la création des nombres imaginaires). Leurs objets d'étude : les nombres entiers, la géométrie, viennent de la nature. Leurs propriétés sont étudiées par rapport au monde extérieur. Ainsi, Euclide n'énonce que peu d'axiomes, beaucoup de choses restant implicites. Les nombres réels, donnés par la droite avec un point origine, sont également compris comme un objet géométrique. Au XIXe siècle, les mathématiques vont créer (ou découvrir) des mondes nouveaux, sans rapport direct avec la réalité extérieure : de nouvelles géométries, de nouveaux nombres, de nouvelles structures. Et ces mondes vont se révéler (pas immédiatement, souvent) susceptibles d'applications et utiles à la compréhension de notre monde réel.

8
Le XIXe siècle

L'industrialisation de l'Europe se poursuit tout au long du siècle. Partout, des universités sont créées, formant des scientifiques, en particulier des mathématiciens. En France, l'École polytechnique forme aussi les ingénieurs de haut niveau dont le pays a besoin, des ingénieurs-savants *comme les appelle l'historien Grattan-Guiness (1941-2014). Les années 1820 voient la naissance d'une nouvelle organisation de la recherche en mathématique : elle est faite au sein des universités, par des personnes qui se partagent entre des tâches de recherche et d'enseignement et qui organisent des rencontres entre chercheurs, ce qu'on appellera des séminaires (en 1905).*

Carl Friedrich Gauss (1777-1855)

Gauss naît à Brunswick[1], en Basse-Saxe, dans une famille très pauvre. Il apprend à lire et compter seul vers 3 ans, questionnant les adultes[2]. À 7 ans, il est remarqué par son instituteur pour avoir calculé instantanément la somme des nombres de 1 à 100, expliquant qu'il suffisait de grouper les nombres en 50 paquets de somme 101 : 100+1, 99+2, 98+3, etc. Il étudie la nuit dans son lit sous les combles, à la lueur d'une lanterne faite d'un navet évidé, d'un peu de gras et d'une mèche de coton. Le duc de Brunswick (1735-1806) lui accorde sa protection, lui permettant de poursuivre ses études.

Gauss raconte avoir découvrert, le matin du 30 mars 1796, la construction à la règle et au compas du polygone régulier à 17 côtés[3]. Il trouve le résultat si beau qu'il décide de se consacrer aux mathématiques. Cette question de géométrie est liée à la compréhension profonde d'une question d'algèbre, celle des racines dix-septième de l'unité[4]. Il commence à prendre des notes sur ses travaux ; un petit cahier de 19 pages où il avait noté 146 résultats sera retrouvé en 1898 dans des papiers de famille.

Parmi ses premières grandes découvertes figurent une démonstration de la loi de réciprocité quadratique, essentielle en théorie des nombres, et une démonstration convaincante du théorème de d'Alembert (voir p. 117).

En 1801 (Gauss n'a que 24 ans) paraissent les *Recherches arithmétiques* (les *Disquisitiones Arithmeticæ* en latin), un chef-d'œuvre de 500 pages, exposant tout ce que Gauss vient de trouver en arithmétique. Le style est d'une grande rigueur et d'une grande clarté ; ce sera un modèle pour les écrits mathématiques du XIXe siècle. Le livre commence par exposer les bases de l'arithmétique modulaire dans des termes proches des nôtres, écrivant, par exemple : $-6 \equiv 9$ mod. 5 ; une moisson de beaux résultats suit, parmi lesquels la loi de réciprocité quadratique, de nouvelles idées sur les formes quadratiques et l'étude des racines n-ièmes de l'unité que nous venons d'évoquer. Le livre est traduit en français dès 1807.

Le livre n'est pas encore paru que Gauss se tourne vers l'astronomie et la théorie des planètes, inventant sa méthode des moindres carrés pour déterminer leur orbite à partir d'un petit nombre d'observations. Il est très sollicité, mais opte pour aller à Göttingen avec la promesse qu'on lui construirait un observatoire. En juin 1809, paraît son second livre, un chef d'œuvre lui aussi, sur la théorie du mouvement des corps célestes : *Theoria motus corporum cœlestium...*, en latin à la demande de son éditeur, où apparaît la fameuse courbe en cloche que tout le monde connaît en probabilités.

À partir de 1810, le gouvernement de Westphalie finance la construction d'un nouvel observatoire. Gauss continue ses calculs et ses observations astronomiques, se couchant après minuit (sa fille Minna (1808-1840) guette le ciel chaque soir pour savoir si son père va rester avec elle ou la quitter pour aller travailler). En 1812, il étudie la série hypergéométrique, s'occupant soigneusement des problèmes de convergence, ce qui est une nouveauté. Il donne des méthodes qui sont à la base des méthodes actuelles de calcul numérique[5].

Dans les années 1820, Gauss s'occupe de dresser une grande carte de sa région. Il passe plusieurs étés à effectuer des mesures, allant de village en village, dormant chez l'habitant, aidé par son fils aîné. De grandes forêts sans relief empêchent les visées ; il faut parfois abattre des arbres jusqu'à ce qu'on puisse apercevoir les repères. Gauss utilise l'*héliotrope*, un instrument qu'il invente en 1821 et qui permet, avec un miroir mobile, d'effectuer des triangulations sur des distances supérieures à celles de ses prédécesseurs et sert aussi de télégraphe optique. Les méthodes de Gauss seront utilisées jusqu'à l'apparition de la photographie aérienne.

Gauss se plonge, à l'automne 1825, dans des recherches théoriques sur les surfaces et leur courbure. Il ne dort pratiquement plus et c'est l'une des périodes les plus épuisantes de sa vie. L'article de 1827 sur la courbure des surfaces de l'espace ordinaire : *Disquisitiones generales circa superficies curvas* aura une influence considérable sur toute une partie des mathématiques. Le théorème principal est connu sous le nom que lui donne Gauss : *theorema egregium* (théorème remarquable) énonçant que la courbure (de Gauss) d'une surface ne change pas par isométrie (une application qui conserve les distances) ; ainsi on ne peut appliquer une feuille de papier sur une sphère sans la froisser (les courbures du plan et de la sphère sont différentes) et bien d'autres conséquences, moins anecdotiques mais essentielles. Albert Einstein (1879-1955) dira que, si Gauss n'avait pas créé sa géométrie des surfaces, base des travaux de Riemann et de la théorie de la relativité, personne d'autre ne l'aurait fait à sa place.

Dans les années 1830, après le décès de sa seconde épouse (sa fille Teresa, 1816-1864, reste auprès de lui et le soutient dans la vie de tous les jours), Gauss étudie le magnétisme avec Wilhelm Weber (1804-1891). Ses travaux sont encore exceptionnels ! Il écrit un texte fondateur pour les systèmes d'unités, proposant de prendre le millimètre, le milligramme et la seconde comme unités fondamentales, construit un télégraphe électromagnétique de plus de 1 000 mètres (une première, avec un code sur 5 bits), découvre plusieurs lois fondamentales du magnétisme et de l'électricité, étudie le magnétisme terrestre. L'unité de mesure d'induction magnétique est aujourd'hui appelée le Gauss.

Gauss avait aussi conçu les géométries non euclidiennes (bien avant Janos Bolyai, 1802-1860, et Lobatchevski), mais n'avait rien publié sur le sujet, jugeant ses pensées insuffisamment élaborées. Il meurt paisiblement dans son sommeil le 23 février 1855 à 1 heure 5 du matin.

Sophie Germain (1776-1831)

Sophie Germain naît à Paris dans une famille aisée. Elle découvre les mathématiques à 13 ans, passant son temps la nuit dans le froid à lire Newton et Euler. Elle se procure des notes des cours de polytechnique sous le pseudonyme de Le Blanc, soumet ses remarques à Lagrange, le rencontre. Lagrange découvre alors qu'il s'agit d'une femme et l'aide dans sa formation. Elle correspond également avec Gauss, d'abord comme Monsieur Leblanc, entre 1804 et 1809, pour discuter de théorie des nombres. Il n'est pas question qu'elle puisse obtenir un poste quelconque à cette époque, mais elle est autorisée à assister aux séances de l'Académie des sciences. La gloire de Sophie Germain vient d'un résultat sur le grand théorème de Fermat, le premier jamais obtenu. Legendre l'intègre dans la seconde édition de sa théorie des nombres, le lui attribuant en note. On a retrouvé récemment des papiers montrant que Sophie Germain avait conçu bien plus : un plan d'attaque du grand théorème de Fermat.

Sophie Germain s'est aussi engagée dans des recherches difficiles d'élasticité, cherchant à généraliser ce qui se faisait pour les cordes vibrantes aux surfaces vibrantes. Elle meurt d'un cancer du sein, ayant toujours vécu dans sa famille.

Augustin Cauchy (1789-1857)

Cauchy naît à Paris dans une famille qui vit la Révolution dans la peur. Il restera toute sa vie dans des opinions ultraroyalistes, extrêmement religieux et insupportable par son prosélytisme. Il entre à Polytechnique à seize ans et y devient professeur en 1815 (ses élèves se plaignaient de ses cours supplémentaires) ; en 1816, les renvois de Lazare Carnot et Monge lui offrent une place à l'Académie des sciences, qu'il accepte sans scrupule ; l'année suivante, il devient professeur au Collège de France. Cauchy était très productif ; ses œuvres complètes comportent 27 volumes touchant à toutes les parties des mathématiques de son époque.

Le premier travail de Cauchy porte sur la formule d'Euler-Descartes pour les polyèdres convexes (voir p. 115) dont il donne une démonstration astucieuse en enlevant une face du polyèdre et en projetant les sommets du polyèdre à l'intérieur de cette face[6].

Les traités d'analyse de Cauchy, qui reprennent ses cours à l'École polytechnique, sont très proches des nôtres et fondent la rigueur actuelle (même s'il ne sont pas parfaits). Le traité d'analyse d'Euler était le premier traité moderne. Le traité de Lagrange, paraissait le plus près de la rigueur, mais Cauchy le bouleverse en 1822 avec un exemple que Lagrange n'avait pas pressenti, celui de la fonction $x \mapsto \mathrm{e}^{-1/x^2}$ dont toutes les dérivées en 0 sont nulles alors que la fonction n'est pas nulle : *Je me suis vu forcé de renvoyer au calcul intégral la formule de Taylor*, explique Cauchy.

Pour ceux et celles qui ont suivi un cours d'analyse après le bac, donnons quelques précisions. Comme Euler, Cauchy commence par parler des fonctions. Les problèmes de limites et de continuité sont abordés avec des infiniment petits, mais ce ne sont plus des êtres imaginaires, ce sont des fonctions qui tendent vers 0, presque ce que nous manions aujourd'hui avec les ε. C'est l'enterrement des infiniment petits obscurs de ses prédécesseurs[7].

La construction de l'ensemble des nombres réels n'était toujours pas faite et l'évidence géométrique était encore considérée comme rigoureuse. Cauchy invoque cette dernière pour justifier le théorème des valeurs intermédiaires. Cependant, Bolzano (1780-1848), dans un mémoire passé inaperçu en 1817, avait vu la difficulté et construit sa démonstration à partir du fait que tout ensemble borné et majoré de $\mathbb{R}$ a une borne supérieure, comme on le fait aujourd'hui.

Cauchy définit l'intégrale d'une fonction continue f sur un intervalle $[a, b]$ comme la limite de sommes $(x_1 - a)f(a)+\ldots+(b-x_{n-1})f(x_{n-1})$ pour des suites strictement croissantes $a = x_0 < x_1 < \ldots < x_{n-1} < b = x_n$ quand le maximum des $x_{i+1} - x_i$ tend vers 0. Avec sa définition, il montre que $x \mapsto \int_a^x f(t)\, dt$ donne une primitive de f. Ici encore, les démonstrations de Cauchy ne sont pas complètement rigoureuses (l'uniforme continuité de f sur l'intervalle est implicite).

On connaît encore Cauchy pour ses critères de convergence de suites, de séries et d'intégrales. On le connaît aussi pour sa théorie des fonctions de la variable complexe, dans laquelle il établit tous les résultats de base, définissant la notion de fonction holomorphe, l'intégration d'une fonction le long d'un chemin, montrant le théorème des résidus, etc., et même le théorème dit de Liouville, théorème qui donne une démonstration en une ligne du théorème de d'Alembert (voir p. 117). Et je n'oublie pas ses multiples résultats sur l'existence de solutions d'équations différentielles et d'EDP, les bases de la théorie de l'élasticité...

Niels Abel (1802-1829)

Le père d'Abel est pasteur et a fait des études sérieuses[8]. Il a des idées modernes, rédige un catéchisme, répand la vaccination antivariolique mise au point par Jenner en 1796 ; en 1814, il est élu député. Il a très peu d'argent, mais envoie ses fils étudier au lycée de Christiania (11 000 habitants, future Oslo). En 1818, il sombre dans l'alcoolisme. À Christiania, un professeur de mathématiques brutal, suspendu après la mort d'un élève qu'il a violemment frappé, est remplacé par un jeune professeur remarquable, Bernt Holmboe (1795-1850), qui découvre les aptitudes d'Abel et lui fait lire les grands textes mathématiques. En 1820, le père d'Abel meurt ; sa mère a une conduite scandaleuse lors des obsèques. Pendant les années suivantes, Abel soutiendra seul ses frères et sa sœur dans la misère.

Abel entre à l'Université en 1821, sans professeur à son niveau. Il cherche d'abord à résoudre l'équation du cinquième degré par radicaux, découvre une erreur dans son raisonnement et cherche alors à montrer l'impossibilité de cette résolution. Il publie son premier article en 1823 et commence à s'attaquer aux intégrales elliptiques comme $\int \frac{dx}{\sqrt{1-x^4}}$. Il a déjà l'idée de l'inversion analogue à celle définissant la fonction *arc sinus* comme fonction inverse de la fonction sinus sur l'intervalle $[-\pi/2, \pi/2]$. Il rencontre sa future fiancée, Christine Kemp (1804-1862). En 1824, il publie à compte d'auteur, sans succès, ses démonstrations de l'impossibilité de résoudre par radicaux les équations algébriques de degré supérieur ou égal à 5. Gauss reçoit le livre, mais ne l'ouvre pas.

En septembre 1825, Abel part avec très peu d'argent pour parcourir l'Europe. Il laisse sa fiancée pour près de deux ans. Il va d'abord à Berlin où il noue des relations fortes avec August Crelle (1780-1855). Celui-ci lance l'année suivante le *Journal für die reine und angewandte Mathematik*[9] dit *Journal de Crelle*. C'est aujourd'hui le plus vieux des périodiques mathématiques. Abel y publiera plusieurs articles. Les *Recherches sur la série du binôme* (voir p. 101) montrent enfin rigoureusement la formule dite du binôme proposée par Newton. Abel étudie soigneusement la convergence des séries entières, énonce ce qu'on appelle le lemme d'Abel, montre pourquoi Cauchy a commis une erreur en supposant qu'une limite de fonctions continues convergeant pour chaque x n'est pas nécessairement continue. La notion de convergence uniforme n'est pas encore inventée, mais Abel la démontre dans des cas particuliers.

Abel continue son voyage en passant par l'Autriche et l'Italie. Il arrive à Paris en juillet 1826. Son séjour est marqué par la solitude, la pauvreté et l'annonce de sa tuberculose. Cauchy perd un de ses grands mémoires, qui ne sera publié qu'en 1841[10]. Abel revient en Norvège en juillet 1827 et publie ses *Recherches sur les fonctions elliptiques* dans le *Journal de Crelle*. Sa fiancée est gouvernante dans une famille amie, lui n'a toujours pas de poste.

En 1828, les travaux d'Abel se succèdent, sont admirés ; il est en compétition avec Jacobi sur les fonctions elliptiques ; ses solutions sont plus générales. Il écrit à Legendre : *J'ai été assez heureux de trouver une règle sûre, à l'aide de laquelle on pourra reconnaître si une équation quelconque proposée est résoluble à l'aide de radicaux, ou non. Un corollaire de ma théorie fait voir que généralement il est impossible de résoudre les équations supérieures au quatrième degré.* Cette découverte fut annoncée par Legendre à l'Académie des sciences, le 23 février 1829 ; mais Abel n'a rien publié à ce sujet, et l'on n'a rien trouvé qui s'y rapporte dans ses papiers. On peut supposer que c'était des résultats de théorie de Galois.

Abel passe l'été et Noël 1828 avec sa fiancée. Début janvier 1829, il doit s'aliter, crache le sang, s'affaiblit, sa fiancée vient le rejoindre, mais ne peut le sauver. Il meurt le 6 avril ; deux jours après, une lettre de Crelle annonce qu'on a créé un poste à Berlin pour lui. Abel a laissé des recommandations à l'un de ses amis d'épouser sa fiancée ; le mariage (en 1831) sera heureux, mais sans enfants. En 1830, Abel, à titre posthume, partage le grand prix de l'Académie des sciences de Paris avec Jacobi ; sa mère recevra les 1 500 francs du prix. Holmboe publie la première édition des œuvres d'Abel en 1839, Lie et Sylow la seconde, plus complète, en 1881. L'influence d'Abel est multiple : on parle aujourd'hui de fonctions abéliennes, de groupes abéliens, de variétés abéliennes.

Évariste Galois (1811-1832)

À 15 ans, Évariste Galois[11] découvre les mathématiques et lit avec passion les livres des grands mathématiciens qui l'ont précédé : Legendre, Lagrange, Euler, Gauss. En 1827, il obtient le premier prix au Concours général de mathématiques. En 1828, son professeur à Louis-le-grand, Louis Richard (1795-1849), admire le génie de son élève et l'encourage à publier ses premiers travaux.

En 1829, les épreuves et les drames commencent et vont s'accumuler. Un article envoyé à l'Académie des sciences, confié à Cauchy est perdu. Son père, en butte aux attaques calomnieuses du curé de Bourg-la-Reine (qui ose écrire lui-même les lettres anonymes qu'il attribue au père de Galois !), se suicide. Quelques jours plus tard, Galois échoue pour la seconde fois au concours d'entrée à l'École polytechnique. Il aurait (c'est sans doute une légende) jeté le chiffon à effacer la craie à la tête d'un examinateur qu'il jugeait stupide (*Sa place n'est certainement pas dans la postérité*, écrit-il).

Il présente le résultat de ses recherches à l'Académie des sciences. Fourier emporte le manuscrit chez lui et meurt. L'année suivante, Galois écrit une nouvelle version de ses travaux. Le style est très rapide et elliptique pour parler de choses absolument nouvelles. Les académiciens (dont Poisson) qui le lisent ne le comprennent pas et lui renvoient son texte en lui demandant des éclaircissements : les idées de Galois, qui nous paraissent claires maintenant, sont trop en avance pour son époque.

Galois construisait une théorie nouvelle, la théorie des groupes, limitée aux groupes de permutations des ensembles finis (les ensembles de racines des équations), pour donner une réponse au problème de la résolution par radicaux des équations algébriques. Galois déplace le problème, du cadre de la théorie des équations à un cadre algébrique, abstrait, où se lisent les propriétés des équations et dans lequel la résolubilité de l'équation correspond à une propriété du groupe. L'idée de correspondance entre des domaines différents devait se révéler d'une grande richesse, d'une grande utilité dans toutes les branches des mathématiques ; c'était un pas gigantesque vers les conceptions d'aujourd'hui. Notons que Galois ne définit pas la structure générale de groupe (il faudra attendre 1900) ; il a seulement besoin d'ensembles de permutations stables par composition.

Galois invente la notion de sous-groupe distingué, montre que les groupes alternés A_n n'en ont pas de non triviaux pour $n \geqslant 5$. Les groupes A_n forment une famille de groupes appelés simples. Les groupes simples sont comme des briques élémentaires de la théorie des groupes. Il a fallu plus d'un siècle pour les déterminer tous ; le plus gros, construit en 1982, est appelé le *Monstre* ; son nombre d'éléments s'écrit avec 54 chiffres ! L'ensemble des démonstrations comporte plusieurs milliers de pages, sans doute un record.

La théorie des groupes allait se révéler pleine de questions profondes. Impossible de présenter la théorie de Galois en quelques mots[12].

Les opinions politiques de Galois évoluent rapidement. Il s'est rebellé avec une grande vigueur contre l'ordre scientifique, il se révolte de même contre l'ordre mis en place par Louis-Philippe, vivant avec la même intensité les événements historiques et mathématiques. Il est arrêté le 14 juillet 1831 sur le Pont-Neuf à la tête de plusieurs centaines de manifestants et condamné à six mois de prison à Sainte-Pélagie ; il continue à réfléchir aux mathématiques dans ce cadre peu propice.

En mai 1832, Galois est provoqué en duel. La raison de ce duel n'est pas connue avec certitude ; peut-être résulte-t-il d'une brève aventure amoureuse, avec qui, on ne sait trop. La veille du duel, dans la nuit du 29 mai, Évariste rassemble ses dernières découvertes dans une splendide lettre à un ami fidèle, Auguste Chevalier. Le texte est très émouvant ; pressentant sa mort, pressé par le temps, l'urgence absolue est pour lui ce résumé ultime de tout ce qu'il avait compris. Parmi ses dernières phrases : *Après cela il se trouvera, j'espère, des gens qui trouveront leur profit à déchiffrer tout ce gâchis* et une note dans la marge : *Il y a quelque chose à compléter dans cette démonstration. Je n'ai pas le temps.* Une phrase mystérieuse : *Mes principales méditations depuis quelque temps étaient dirigées sur l'application à l'analyse transcendante de la théorie de l'ambiguïté*, semble montrer qu'il avait déjà conçu des résultats sur les surfaces de Riemann et sur les intégrales abéliennes donnés vingt ans plus tard par Riemann[13].

Galois voulait faire la Révolution ; pourquoi n'a-t-il pas refusé d'appliquer des règles absurdes et d'un autre monde, pourquoi s'est-il présenté à ce duel ? Le 30 mai, il est grièvement blessé et conduit à l'hôpital Cochin où il meurt de péritonite dans les bras de son jeune frère Alfred : *Ne pleure pas, j'ai besoin de tout mon courage pour mourir à vingt ans.* Il est enterré dans la fosse commune du cimetière Montparnasse. Quelle matière pour en rajouter et en tirer des romans et même un opéra[14] !

C'est en 1843 que Joseph Liouville (1809-1882) annonce à l'Académie des sciences qu'il vient de trouver dans les papiers de Galois *une solution aussi exacte que profonde* au problème de la résolubilité des équations par radicaux. Les textes des mémoires de Galois sont enfin accessibles aux mathématicien(ne)s et ses idées commencent à féconder les développements ultérieurs des mathématiques. Camille Jordan est le premier à les exposer clairement, en 1870 (voir p. 168). Elles se retrouvent encore aujourd'hui au centre des travaux de mathématicien(ne)s comme Grothendieck, Connes, Langlands et bien d'autres[15].

Peter Lejeune-Dirichlet (1805-1859)

L'origine du nom serait Le jeune de Richellette, un village près de Liège. Dirichlet est attiré par les mathématiques et utilise son argent de poche à 12 ans pour acheter des livres sur sa science préférée. Il suit les cours de Georg Ohm (1789-1854) à Bonn, puis part à Paris pour avoir une meilleure formation, les *Disquisitiones* de Gauss sous le bras. Il a la variole en 1822, mais peut rapidement reprendre ses études. En 1825, il présente à l'Académie des sciences une démonstration partielle du théorème de Fermat pour $n = 5$ que son rapporteur, Legendre, peut compléter. Il retourne ensuite en Allemagne, obtient un poste à Berlin en 1828, épouse une sœur de Félix Mendelssohn. C'est grâce à Dirichlet que Berlin devient un grand centre de mathématiques. Le travail à Berlin est très lourd et Dirichlet accepte avec joie en 1855 l'invitation à occuper la chaire de Gauss à Göttingen. En 1858, il a un malaise cardiaque à Montreux, en Suisse, revient difficilement à Göttingen ; sa femme meurt brutalement ; il ne lui survit pas longtemps.

Dirichlet clarifie les problèmes de convergence des séries de Fourier en 1829. Il met en évidence le lien entre les discontinuités de la fonction et la notion d'intégrale, sans résoudre le problème. Il donne l'exemple fameux d'une fonction égale à une constante sur les rationnels, à une autre sur les irrationnels. Ses résultats en théorie des nombres sont très importants. Sa démonstration du théorème de la progression arithmétique (1837, voir p. 128) introduit l'analyse, avec des fonctions, notées *L*, en théorie des nombres. C'est inattendu et cela ouvre un nouveau domaine très riche d'applications où les fonctions *L* se révèlent être un objet central.

Un travail sur le système solaire le conduit en 1856-57 à un problème très général, dit de Dirichlet. Connaissant une fonction (par exemple la température) sur la surface d'un corps, déterminer la fonction en tout point intérieur au corps. Dirichlet suppose la fonction de laplacien nul et continue sur la surface. Rappelons enfin un principe très simple qui porte aussi son nom (ou celui de principe des tiroirs) : si $n + 1$ objets sont dans n tiroirs, un tiroir au moins contient au moins deux objets. Dirichlet était également réputé être un excellent professeur, simple, clair et précis.

Carl Jacobi (1804-1851)

Jacobi naît à Postdam dans une famille de banquiers aisée. C'est un élève très brillant ; il passe sa thèse à 21 ans. Sa conversion (de la religion juive à la chrétienne) lui permet d'enseigner à l'université ; il reste à Könisberg jusqu'en 1842, époque à laquelle sa santé s'altère (le diabète). Une dépression boursière lui fait perdre sa fortune ; le roi, alerté par son ami Dirichlet, lui apporte un secours pour passer huit mois en Italie ; Dirichlet l'accompagne. À son retour, il se voit offrir un poste à Berlin. Grand professeur, il organise les premiers séminaires de mathématiques. Il meurt de la variole.

Les résultats de Jacobi sur les fonctions elliptiques sont fondamentaux. Ils sont exposés dans un grand traité de 1829 et permettent en particulier l'étude du mouvement du pendule quand l'angle d'oscillation est un peu grand et qu'on ne peut plus faire l'approximation $\sin\theta \sim \theta$. Ses résultats en arithmétique et en mécanique sont également très importants.

À la mort de Fourier, Jacobi écrit à Legendre en français : *M. Fourier avait l'opinion que le but principal des mathématiques était l'utilité publique et l'explication des phénomènes naturels ; mais un philosophe comme lui aurait dû savoir que le but unique de la science, c'est l'honneur de l'esprit humain, et que sous ce titre, une question de nombres vaut autant qu'une question du système du monde.* Cette belle phrase (discutable cependant) a donné le titre d'un plaidoyer vigoureux (écrit en 1987) de Jean Dieudonné pour les mathématiques *pures*.

Jacobi a formé beaucoup d'élèves et fortement contribué à la création d'une école allemande de mathématiques.

La géométrie pure : Michel Chasles (1793-1880) et Jean-Victor Poncelet (1788-1867)

Michel Chasles et Jean-Victor Poncelet sont des géomètres épris de pureté ; *l'usage de coordonnées est une souillure*, dit Poncelet (il craint qu'il ne cache les relations entre les éléments de la figure). Les géomètres allemands n'auront pas cette pureté un peu romantique.

La relation de Michel Chasles, $\overline{AB} + \overline{BC} = \overline{AC}$ pour trois points alignés, peut paraître d'une grande banalité et ne pas mériter de figurer ici ; mais elle indique aussi l'entrée des nombres négatifs dans la géométrie, ce qui n'est pas négligeable.

Chasles était, à son époque, le meilleur connaisseur des coniques (ellipses, paraboles, hyperboles). Il a obtenu, en 1864, un résultat étonnant, un comptage exact des coniques satisfaisant une propriété donnée : étant données cinq coniques du plan, il en existe 3 264 (éventuellement imaginaires) qui leur sont tangentes ! Une configuration où les 3264 coniques sont toutes réelles n'a été construite qu'en 1997 (avec cinq hyperboles) ; Jean-Yves Welschinger (né en 1974) a montré en 2005 que, dans le cas de cinq ellipses sans points intérieurs commun, 32 de ces coniques au moins sont réelles (et il donne un exemple où il y en a exactement 32)[16].

Jean-Victor Poncelet est un Messin, élève à l'École polytechnique en 1808-1810 (il est profondément marqué par les idées de Monge). Suivons le récit des épreuves qu'il a endurées telles qu'il les raconte en 1862. Il est officier du génie en mars 1812, rejoint le grande armée à Vitebsk, est fait prisonnier le 18 novembre à la bataille de Smolensk, doit marcher 1 500 kilomètres en plein hiver 1812-1813, dans des conditions épouvantables (froids terribles : températures inférieures à –39 degrés si le mercure se solidifiait comme il le raconte, vêtu des seuls lambeaux de son uniforme, nourri du pain noir des paysans russes). Arrivé à Saratov, sur les bords de la Volga, il tombe malade, ce qui n'est pas vraiment étonnant.

Puis vient le mois d'avril. Poncelet va mieux. Il décide de recréer les mathématiques dans sa tête : *Ces résultats étaient presque entièrement effacés de sa mémoire...*, écrit-il en parlant de lui-même. Cette re-création dans l'isolement conduit Poncelet à inventer en deux ans la géométrie projective, avec de beaux résultats comme son *grand théorème*. Il expose ses inventions à ses compagnons de prison, polytechniciens eux aussi. Puis il est libéré. Les cahiers de Saratov seront publiés en 1863 ; ils sont à la base du grand *Traité des Propriétés projectives des figures* de 1822. Reprenant les idées de Desargues, Poncelet adjoint des points à l'infini aux droites, mais ajoute aussi les points imaginaires. Il admet que ce qui est vrai dans le cas général se prolonge aux cas particuliers (*principe de continuité* ou de *prolongement des identités algébriques*). Il dégage le *principe de dualité* qui dédouble les énoncés de la géométrie (penser que, dans l'équation d'une droite $ux + vy + wz = 0$, les triplets (u, v, w) et (x, y, z) jouent des rôles absolument symétriques). Poncelet définit également les *transformations projectives*, les *points cycliques* (les deux points imaginaires par lesquels passent tous les cercles). La géométrie projective est aujourd'hui utile dans de nombreux domaines des mathématiques (en particulier pour les photos aériennes).

En 1825, François Arago (1786-1853) demande à Poncelet d'enseigner la science des machines à l'École d'artillerie et du génie de Metz. Poncelet abandonne avec d'infinis regrets ses travaux de géométrie pour s'atteler à une nouvelle discipline qu'il ne connaît pas, n'ayant *d'autre but que de se rendre utile à la classe ouvrière et à la jeunesse des écoles*, écrit-il en 1863. Il devient le grand spécialiste de la discipline, le type même de l'ingénieur-savant. Il enseigne la science des machines une dizaine d'années à Metz avant de l'enseigner à la Sorbonne. Il crée la cinématique (l'étude des mouvements), analyse les différents systèmes mécaniques avec poulies, treuils, engrenages, etc., les transmissions de mouvements (circulaires ou rectilignes). Il jette les bases de la résistance des matériaux. Il applique ses idées pour la construction d'une turbine aux performances remarquables, d'un pont-levis d'un type nouveau et de bien d'autres systèmes. Ses publications sur ces sujets sont nombreuses et ouvrent tout un champ de recherches appliquées. En 1848, Arago le fait nommer général de brigade et directeur de l'École polytechnique. Il y est très apprécié. Poncelet joue encore un rôle important dans la section industrie des grandes expositions de 1851 à Londres et de 1855 à Paris.

Puisque François Arago a été évoqué, notons que c'est lui qui initie, en 1835, la publication des *Compte rendus de l'Académie des sciences*, une revue importante et toujours active pour la recherche française.

Nikolai Ivanovitch Lobatchevski (1792-1856)

Nikolai Ivanovitch Lobatchevski naît dans une famille pauvre de Nijni Novgorod. Son père est employé de bureau. Quand il meurt, sa mère se déplace à Kazan[17] avec Nikolai, qui a sept ans, et ses deux frères.

Nikolai poursuit ses études à l'université de Kazan créée en 1804. Il cherche d'abord à montrer le cinquième postulat, comme bien d'autres depuis Euclide, puis franchit le pas, énorme, de développer une nouvelle géométrie où il choisit comme postulat des parallèles un énoncé différent, mais qui lui semble acceptable. Il publie ses idées en 1829, dans le *Messager de Kazan* : *Sur les principes de la géométrie*.

Les droites qui ne coupent pas une droite

Toutes les droites tracées par un même point dans le plan peuvent se distribuer, par rapport à une droite donnée dans ce plan, en deux classes, à savoir : en droites qui coupent *la droite donnée et en droites* qui ne la coupent pas. *La droite qui forme la* limite *commune de ces deux classes est dite* parallèle *à la droite donnée.* Nous voici d'un seul coup basculés dans une nouvelle géométrie (figure 8.1). Il s'agit en fait de demi-droites.

Les explications de Lobatchevski se réduisent à construire la perpendiculaire (AD) à (DC), puis la perpendiculaire (AE) à (AD). Lobatchevski sépare l'ensemble des droites passant par A et dans l'angle $\widehat{EAD}$ en droites qui coupent (DC) et en droites qui ne coupent pas (DC). Sa figure n'est qu'indicative. Il écrit : *On trouve nécessairement une ligne AH, parallèle à* (DC), *c'est-à-dire une ligne d'un côté de laquelle les lignes* (AG) *ne rencontrent pas la ligne* (CD), *tandis que, de l'autre côté, toutes les lignes* (AF) *rencontrent* (CD).

Lobatchevski définit également la parallèle à (DC) passant par A dans la direction symétrique de la précédente (l'existence de ces demi-droites est donnée comme une évidence, mais elle suppose implicitement que les réels soient présents). Puis il développe une théorie complète dont les théorèmes sont souvent analogues aux résultats de la géométrie euclidienne, parfois propres à la nouvelle théorie, comme : *Une droite conserve le caractère de parallélisme en tous ses points* ou comme : *la somme des angles d'un triangle est strictement inférieure à 180 degrés.*

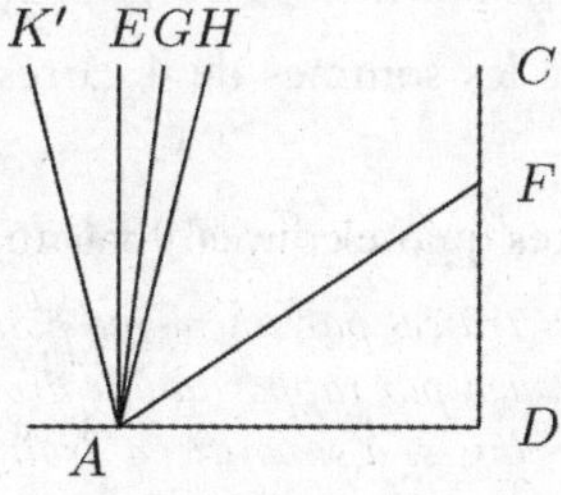

Figure 8.1. La parallèle comme coupure.

Le texte en russe de 1829 était passé complètement inaperçu. Une nouvelle version paraît en 1840 dans le *Journal de Crelle*. Gauss l'approuve tout en soulignant dans sa correspondance qu'il connaît tout cela. Dans les années 1860, peu de gens se souviennent des écrits de Lobatchevski. En 1866, Jules Hoüel (1823-1886) traduit en français le texte de 1829. En 1868, Eugenio Beltrami (1835-1900), dans son : *Saggio di interpetrazione della geometria non-euclidea* (*Essai d'interprétation de la géométrie non euclidienne*), propose des modèles de la géométrie non-euclidienne décrits dans l'espace euclidien. Ces modèles lui permettent de montrer que la non-contradiction de la géométrie de Lobatchevski est équivalente à la non-contradiction de la géométrie euclidienne (Lobatchevski proclamait, sans raison, que sa géométrie ne conduisait à aucune contradiction)[18]. Il était alors difficile d'imaginer que cette nouvelle géométrie puisse un jour être utile pour des applications.

William Rowan Hamilton (1805-1865) et les quaternions

La relation entre les sommes de 4 carrés est donnée par Euler en 1748 :

$$\begin{aligned}(a^2+b^2+c^2+d^2)(a'^2+b'^2+c'^2+d'^2) = {} & (aa'-bb'-cc'-dd')^2\\ & +(ab'+a'b+cd'-c'd)^2\\ & +(ca'+c'a+db'-d'b)^2\\ & +(da'+d'a+bc'-b'c)^2\end{aligned}$$

Une conséquence évidente est que l'ensemble des sommes de 4 carrés d'entiers est stable par produit, relation à la base de la démonstration de Lagrange, en 1770, que tout entier est somme de 4 carrés.

L'exemple de $3 \times 5 = 15$ montre que le produit de sommes de trois carrés d'entiers (comme $3 = 1^2 + 1^2 + 1^2$ et $5 = 2^2 + 1^2 + 0^2$) n'est pas toujours une somme de trois carrés d'entiers (15 ne peut s'écrire comme somme de trois carrés). Considérer cet exemple aurait peut-être permis à Hamilton de ne pas passer les années 1835-1842 à chercher à répondre à la question que son fils aîné lui posait tous les matins : *Alors, papa, tu sais multiplier les triplets ?* C'est lors d'une promenade avec sa femme, le 16 octobre 1843, le long d'un canal, que la possibilité de la construction en dimension 4 lui apparut (il grava immédiatement sa découverte sur le pont tout proche ; il y a une plaque commémorative aujourd'hui). Les quaternions généralisaient les complexes, donnaient le premier exemple de corps non commutatif et les quaternions de norme 1 paramétrisaient les rotations de l'espace ordinaire (ce qui est très utile pour la robotique, le cinéma d'animation, le guidage de satellites...).

Une autre belle réalisation d'Hamilton est la reformulation des équations de la mécanique des systèmes qu'il propose en 1833 ; il introduit une nouvelle expression, le *hamiltonien*, qui représente l'énergie totale du système (et que Lagrange avait déjà utilisée).

Hamilton est né à Dublin. Il est brillant (il parle, dit-on, 13 langues à 13 ans et lit Laplace à 17 ans), complexe, tourmenté, pouvant sombrer dans l'alcool. Il est trop jeune pour épouser la femme qu'il aime, elle doit en épouser un autre, lui-même se marie quelques années plus tard ; pour l'un comme pour l'autre, ce ne sont pas des mariages heureux. En 1848, ils commencent à s'écrire, cachant leurs courriers à leurs conjoints. Les drames se succèdent ; en 1853, elle est mourante, lui demande de venir ; il la revoit, lui apportant son livre sur les quaternions, la grande œuvre de sa vie ! Elle meurt quinze jours plus tard.

Bernhard Riemann (1826-1866)

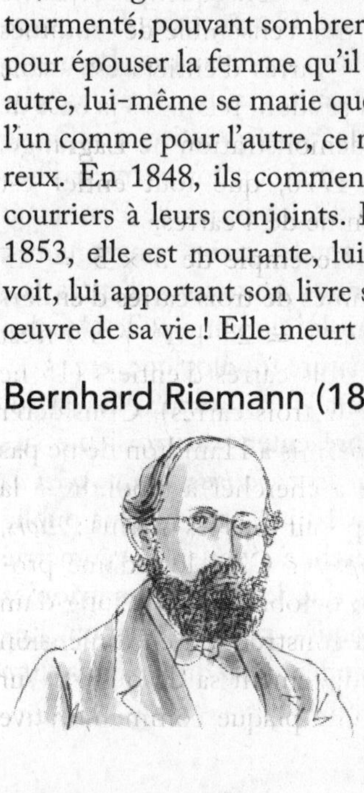

Riemann naît dans une petite commune proche de Hambourg. C'est le fils d'un pasteur protestant pauvre. Il est extrêmement timide, très lié à sa famille. Il se passionne pour les mathématiques ; il est très brillant. Il lit en six jours le livre de Legendre de théorie des nombres (900 pages) et affirme les avoir entièrement comprises ! En 1846, il part à Göttingen, abandonne, avec la permission de son père, ses études de théologie pour les mathématiques, suit des cours de Gauss, poursuit ses études à Berlin.

Chacun des articles de Riemann contient de grandes idées ; certains n'ont été publiés qu'après sa mort ; ses résultats profonds mettront du temps à être compris[19]. Dans sa thèse, en 1851, très appréciée par Gauss, il va beaucoup plus loin que Cauchy dans la théorie des fonctions de variable complexe, en introduisant les fameuses surfaces de Riemann pour traiter les fonctions qui ne reviennent pas à leur valeur quand on les suit par continuité sur un chemin fermé. Ces surfaces feuilletées ne se représentent pas dans l'espace ordinaire. Riemann associe des surfaces complexes à des courbes réelles, obtient le grand théorème de la représentation conforme (impossible de l'expliquer ici), etc. Dans son examen d'habilitation, en 1853, pour l'étude des séries de Fourier, il donne des résultats de bases sur les séries convergentes, définit alors l'intégrale que nous nommons d'après lui, et ses généralisations, précisant les définitions de Cauchy, dégageant des problèmes de nature topologique, etc.

Dans la conférence qui suit l'Habilitation, Gauss lui demande, à sa surprise, de présenter son troisième sujet : c'est le fameux texte : *Sur les hypothèses qui servent de fondement à la géométrie*, lu le 10 juin 1854 (mais publié seulement en 1867), qui cherche à fonder la géométrie sur des bases plus profondes que les différents axiomes sans rapport entre eux invoqués par Euclide ou Legendre. Riemann part des grandeurs à *n* dimensions (une généralisation des surfaces de l'espace ordinaire ; on parlera plus tard de *variétés*). La chose importante est de définir des distances entre les points de ces variétés. Riemann part de la longueur d'un petit élément ; comme il s'agit d'un exposé oral à un public hétérogène, il donne cette longueur en une phrase. Gauss, qui avait ouvert la voie par son texte de 1827 (voir p. 146), sort enthousiasmé de l'exposé de Riemann. Les idées présentées ce jour-là permettront à Einstein de construire la relativité générale.

Riemann est toujours sans moyen ; son père, son frère, deux de ses sœurs meurent ; le presbytère de son enfance passe en d'autres mains ; Dirichlet le soutient, mais meurt aussi, ce qui permet la nomination de Riemann comme professeur à Göttingen en juillet 1859 ; il peut enfin subvenir à ses besoins et à ceux des sœurs qui lui restent. À l'Académie des sciences de Berlin qui l'accueille, il offre l'étude : *Sur le nombre de nombres premiers inférieurs à une grandeur donnée* où il montre le lien entre ce problème et celui des zéros non réels (que personne n'avait encore considérés) de la fonction ζ (voir p. 112) prolongée dans le plan complexe. C'est la fameuse conjecture de Riemann, toujours invaincue : *J'ai laissé cette recherche de côté pour le moment après quelques rapides essais infructueux.* La démonstration de la conjecture entraînerait toute une série de conséquences importantes en théorie des nombres[20].

Riemann se marie en 1862 ; il a une fille, Ida (1862-1929). Ce pourrait être le début d'une période heureuse, mais un rhume réveille une tuberculose probablement ancienne. Il part en Italie pour se soigner, y retourne en

1864-65, puis de nouveau en 1866, pour y mourir doucement sur les bords du lac Majeur. C'est là qu'il est enterré, entre Mergozzo et Verbania.

Camille Jordan (1838-1922)

Jordan est d'une grande famille bourgeoise française ; il est reçu à l'École polytechnique avec un total exceptionnel. Il exercera longtemps son métier d'ingénieur en poursuivant ses recherches mathématiques.

C'est lui qui comprend le premier la profondeur des travaux de Galois. Il crée de nombreux concepts de la théorie des groupes (groupe quotient, homomorphisme, suite de décomposition...) et en découvre quelques théorèmes importants. Son influence sur les idées de Félix Klein (1849-1925) et Sophus Lie (1842-1899) à cette époque est déterminante. C'est alors que sont mis en place des éléments de théorie des groupes qui seront utiles plus tard aux physiciens théoriciens. Ils seront magistralement complétés par Hermann Weyl (1885-1955) dans les années 1920-1930.

Les explications de Jordan pour généraliser les méthodes de la géométrie euclidienne marquent le début de l'exploration des espaces de dimension supérieure à 3. Bien plus tard, en 1887, il donne une démonstration (contestée) d'un théorème de topologie, difficile quoiqu'intuitivement évident, qui porte aujourd'hui son nom : *Une courbe du plan, continue, fermée et qui ne se recoupe pas, a un intérieur et un extérieur* (la difficulté est que rien n'est clair si la courbe se replie sur elle-même beaucoup de fois).

Avec Hermite (1822-1901), Jordan est un des rares mathématiciens antidreyfusards. Trois de ses six fils sont tués durant la guerre de 1914-1918.

Karl Weierstrass (1815-1897)

La jeunesse de Weierstrass est difficile ; son opposition à son père, qui refuse son choix des mathématiques, est une sorte d'autodestruction. À partir de 1842, il enseigne dans le secondaire, poursuivant seul ses recherches. Un article sur les fonctions abéliennes, une classe de fonctions étudiées par Abel, le fait connaître en 1854. Il est nommé professeur à l'université de Berlin, à plus de 40 ans, en 1856. De graves crises de vertiges l'empêchent de travailler durant de longues périodes et il donne ses cours assis. On le considère comme le meilleur de son époque en analyse. Ses travaux sont caractérisés par leur rigueur. Évoquons juste quelques résultats de base familiers à des étudiant(e)s. Il définit les limites avec des $\varepsilon > 0$ et des $\delta > 0$, une définition que nous utilisons toujours. Il n'y a plus de mouvement ; même si l'on dit encore *tend vers*, ce sont des quantificateurs et des inégalités qui interviennent. Il coupe les ε en trois pour montrer qu'une limite uniforme de fonctions continues est continue (voir p. 151), établit le théorème sur la dérivation terme à terme d'une série convergente de fonctions continues, s'inspirant d'Abel, etc.

Parlons maintenant de sa célèbre élève.

Sophie Kovalevski (1850-1891)

Sophie Kovalevski naît dans une famille russe aisée qui compte des mathématiciens[21]. Il y a tant de pièces dans la maison de campagne de ses parents que les pages lithographiées d'un cours d'Ostrogradski (1801-1862) sont utilisées pour tapisser les murs de sa chambre. Sophie les contemple sans comprendre. Plus tard, son professeur de calcul différentiel sera fasciné ; c'est comme si elle avait tout su à l'avance. À 15 ans, Sophie est romanesque, tourmentée ; elle rencontre Dostoïevski (1821-1881), en tombe amoureuse, mais il s'intéresse à sa sœur, qui le repousse, lucide.

À 18 ans, ne pouvant, parce que femme, étudier en Russie, elle fait un mariage blanc (avec un futur traducteur de Darwin, 1809-1882), obtient un passeport et part en Allemagne, à Heidelberg. Mais là non plus, une femme ne pouvait suivre des cours à l'Université. Sophie doit persuader chacun de ses professeurs de bien vouloir l'accepter. En 1870, elle part à Berlin étudier avec Weierstrass sous la seule forme possible : des cours privés (les femmes ne pouvaient entrer à l'intérieur de l'université ; Sophie ne sera admise à suivre des cours que dans les années 1880 !). Elle va passer quelques jours épiques à Paris au moment de la Commune, puis, au prix d'un travail acharné, vivant une situation étrange avec son mari, elle termine dans la solitude une thèse avec Weierstrass, trouvant un célèbre théorème sur les solutions d'EDP, connu aujourd'hui sous le nom de théorème de Cauchy-Kovalevski. Elle montre aussi que les anneaux de Saturne, s'ils étaient fluides, seraient plus épais à l'extérieur. C'est la première thèse de mathématiques soutenue par une femme. Weierstass a beaucoup d'affection pour son élève, l'admire, mais ne peut lui obtenir de poste ; ils correspondent par lettres.

Elle revient à Saint-Pétersbourg, épuisée et célèbre, oublie les mathématiques, se plonge dans la vie mondaine, consomme son mariage. Elle a une fille, mais le couple ne fonctionne pas, ils ont des dettes ; elle quitte son mari. En avril 1883, celui-ci a tout dilapidé ; il se suicide. Sophie est très choquée ; elle se replonge dans les mathématiques.

Gösta Mittag-Leffler (1846-1927) offre à Sophie un poste de professeur à l'université de Stockholm (encore une première). Elle apprend le suédois, s'adapte à la Suède comme à une nouvelle patrie ; elle est, enfin, enseignante. En 1888, elle réussit à obtenir des résultats remarquables *Sur le problème de la rotation d'un corps solide autour d'un point fixe.*

Le cas de Sophie K.

Si on note G le centre de gravité et P le point fixe d'un tel corps, on ne sait bien décrire le mouvement de cette toupie que dans trois cas : le cas où $G = P$ (cas d'Euler), le cas où la droite (GP) est un axe de révolution du solide (cas de Lagrange), le cas où la droite (GP) est orthogonale à un axe de révolution du solide et où celui-ci a une forme particulière (cas de Kovalevski). La résolution des deux premiers cas utilise des fonctions elliptiques. On a mieux compris la valeur du dernier travail de Sophie Kovalevski récemment et ses connexions avec d'autres résultats : sa toupie fait partie d'une famille de toupies construites dans des dimensions plus grandes.

Sophie tombe amoureuse d'un cousin de son premier mari, mais ne veut pas l'épouser, voyage, prend froid en France, rentre en Suède ; une pneumonie se déclare ; la mort la prend un 10 février.

Sophie Kovalevski avait aussi de grands talents littéraires : son dernier roman, où l'héroïne est proche de ce qu'elle a été, a été édité en français (*Une nihiliste*, Phébus, 2004) et sa vie a été portée au théâtre par Jean-François Peyret (né en 1945).

Georg Cantor (1845-1918)

Cantor : *L'essence des mathématiques est dans leur liberté*[22].

Jeune, Cantor avait le désir absolu de répondre aux vœux de son père. Ce dernier n'y allait pas par quatre chemins, l'appelant dans des lettres au ton grandiloquent à s'en remettre à Dieu Tout Puissant, à exceller dans toutes les disciplines, à être *une étoile brillante à l'horizon de la science.* Cantor s'épuise dans le travail. Son père meurt en 1863.

La construction des réels

En 1872, Cantor et Dedekind donnent deux constructions des nombres réels. Les réels n'avaient jamais été définis jusque-là : on s'appuyait sur la géométrie en les considérant comme correspondant aux points d'une droite munie d'une origine, ce qui manquait de rigueur. Cantor a l'idée qu'un réel r peut être défini par les suites de nombres rationnels de limite r. L'idée de Dedekind remonte à 1858. Elle vient directement du livre V des *Éléments* d'Euclide. Un réel peut être défini par la donnée de l'ensemble des nombres rationnels qui lui sont supérieurs et l'ensemble de ceux qui lui sont inférieurs, ce que Dedekind appelle une *coupure*.

Cantor rencontre Dedekind lors de vacances en Suisse, en juillet 1873. Le 29 novembre, il lui écrit, expliquant qu'il sait que l'ensemble $\mathbb{Q}$ des nombres rationnels (de la forme p/q avec p, q entiers, q non nul) est dénombrable[23] ; le 7 décembre, il sait montrer que l'ensemble $[0, 1]$ des nombres réels compris entre 0 et 1 n'est pas dénombrable. Trois ans plus tard, Cantor montre qu'on peut faire correspondre les éléments du segment $[0, 1]$ et ceux du carré $[0, 1] \times [0, 1]$ apparemment beaucoup plus nombreux. Bouleversé, il supplie Dedekind de lui donner son jugement, écrivant : *Je le vois, mais je ne le crois pas.* Cantor commence à distinguer différents infinis, puis il crée seul la *théorie des ensembles*. C'est une partie nouvelle des mathématiques, tout le monde bientôt parlera dans le langage de cette théorie. Mais c'était tout à fait étonnant pour l'époque et cela ne plaisait pas aux mathématiciens dits *intuitionnistes*, attachés aux raisonnements constructifs (où l'on construit les objets dont on parle). Il voulait mettre de l'ordre dans tous ces infinis qu'il découvrait en démontrant l'*hypothèse du continu*, n'y parvenait pas (voir p. 190). Cantor pensait aussi que le véritable auteur des pièces de Shakespeare était Francis Bacon ; la folie venait, des deuils également. À partir de 1884, les séjours en asile alternent avec des phases plus calmes où il peut encore donner des cours, travailler, voyager.

Les Chants de Maldoror

Dans le deuxième des six chants, Lautréamont (1846-1870) déclame quelques strophes sublimes sur les mathématiques, leur beauté, leur place essentielle. Le passage remplit plus de quatre pages ; en voici le début, en espérant vous donner l'envie de lire l'œuvre complète ! Les surréalistes, entre autres, ont adoré.

Ô mathématiques sévères, je ne vous ai pas oubliées, depuis que vos savantes leçons, plus douces que le miel, filtrèrent dans mon cœur, comme une onde rafraîchissante. J'aspirais instinctivement, dès le berceau, à boire à votre source, plus ancienne que le Soleil, et je continue encore de fouler le parvis sacré de votre temple solennel, moi, le plus fidèle de vos initiés…

Cantor avait fondé la théorie des ensembles ; elle allait poser des problèmes de logique difficiles aux mathématiciens du début du XXe siècle, mais ils furent résolus en modifiant certains axiomes. Hilbert disait : *Personne ne doit nous chasser du paradis que Cantor a créé pour nous* (*Aus dem Paradies, das Cantor uns geschaffen, soll uns niemand vertreiben können*).

Dictionnaire des idées reçues
(publication posthume, 1913)

Tout autre chose. Parmi mille, souvent d'une violence contenue et d'une ironie superbe, citons deux des idées reçues collectées par Flaubert (1821-1880).

ARCHIMÈDE

Dire à son nom : Eurêka. — Donnez-moi un point d'appui et je soulèverai le monde. — *Il y a encore la vis d'Archimède ; mais on n'est pas tenu de savoir en quoi elle consiste.*

MATHÉMATIQUES

Dessèchent le cœur.

9
Autour de 1900 : Poincaré et Hilbert

*On dit qu'Hilbert a été, avec Poincaré, l'un des deux derniers mathématiciens ayant pu avoir une vue d'ensemble sur les mathématiques. Après eux, aucun mathématicien n'en aurait été capable. Ces deux génies, qui dominaient les mathématiques de leur temps, ont laissé du travail aux générations qui leur ont succédé, Poincaré, en particulier, par sa création de la topologie algébrique (il parlait d'*Analysis situs*) et sa vision des systèmes dynamiques, Hilbert en posant ses fameux 23 problèmes.*

Henri Poincaré (1854-1912)

Partout, quand on lui demandait de résoudre une difficulté, sa réponse partait avec la rapidité d'une flèche. Lorsqu'il écrivait un mémoire, il le rédigeait tout d'un trait, se bornant à quelques ratures, sans revenir sur ce qu'il avait écrit (Gaston Darboux, 1842-1917, dans son *Éloge de Poincaré*, décembre 1913).

Le père d'Henri Poincaré est professeur à la faculté de médecine de Nancy. À cinq ans, victime de la diphtérie, le jeune Henri frôle la mort, restant paralysé partiellement durant cinq mois. C'est un enfant brillant en tout, sauf en sport et en dessin, extrêmement inventif, ayant déjà de vastes connaissances, une mémoire exceptionnelle, se souvenant avec précision de chacun des livres qu'il lit. Adolescent, pendant l'hiver 1870, il a l'occasion de voir l'horreur de la guerre de près et en restera profondément marqué. Il passe son baccalauréat ès sciences en novembre 1871 ; il arrive en retard à l'épreuve de mathématiques, comprend mal le sujet ; on lui donne la note 0, mais il est connu des examinateurs... et racheté. Il surprend ses condisciples des classes préparatoires en ne prenant quasiment jamais de notes, tout en comprenant tout. Deux ans plus tard, il est reçu premier à Polytechnique, avec un total jamais dépassé depuis, mais une note éliminatoire (en principe) pour avoir mal réalisé son dessin !

Poincaré devient ingénieur des mines en 1878, tout en continuant à faire des mathématiques. Le premier septembre 1879, après une explosion de grisou qui tue 16 personnes, Poincaré fait preuve de courage en descendant dans la mine pour comprendre les causes du drame. Son rapport se lit comme un roman policier où l'enquêteur, Poincaré, examine minutieusement les différents éléments pour rétablir un scénario compliqué ; un ouvrier a abîmé sa lampe, l'a posée à côté de celle d'un collègue, s'est trompé en reprenant celle de son collègue... jusqu'à l'explosion fatale.

Au même moment, Poincaré passe sa thèse avec Hermite (1^er^août 1879). Gaston Darboux dira qu'elle contenait *assez de résultats pour fournir matière à plusieurs bonnes thèses*, mais qu'elle manquait parfois d'éclaircissements (c'est un euphémisme, paraît-il).

Fin 1879, Poincaré quitte son poste d'ingénieur pour être nommé Maître de conférences à Caen (ce n'est pas un bon professeur, il va trop vite...). En 1881, il se marie, est nommé à Paris. Les travaux et les publications se succèdent.

Les équations différentielles linéaires à coefficients algébriques $y'' + ay' + by = 0$, a et b fonctions rationnelles de la variable, étudiées par Lazarus Fuchs (1833-1902), lui résistent. Poincaré est conduit à chercher des transformations laissant invariantes des fonctions du plan complexe dans lui-même.

Ce fut un éblouissement...

Le texte où il relate les circonstances dans lesquelles il les identifie est souvent cité (*Science et méthode*, 1908[1]) :

... je quittai Caen, où j'habitais alors, pour prendre part à une course géologique entreprise par l'école des Mines. Les péripéties du voyage me firent oublier mes travaux mathématiques ; arrivé à Coutances, nous montâmes dans un omnibus pour je ne sais quelle promenade ; au moment où je mettais le pied sur le marche-pied, l'idée me vint, sans que rien dans mes pensées antérieures parût m'y avoir préparé, que les transformations dont j'avais fait usage pour définir les fonctions fuchsiennes étaient identiques à celles de la géométrie non euclidienne. Je ne fis pas la vérification ; je n'en aurais pas eu le temps, puisque, à peine

assis dans l'omnibus, je repris la conversation commencée, mais j'eus tout de suite une entière certitude. De retour à Caen, je vérifiai le résultat à tête reposée pour l'acquit de ma conscience. Poincaré éprouvera à plusieurs reprises *ce caractère de brièveté, de soudaineté et de certitude immédiate* de ses découvertes.

On peut comprendre la certitude immédiate de Poincaré : il possédait parfaitement les deux domaines, celui des fonctions fuchsiennes et celui de la géométrie non euclidienne ; l'idée, géniale, de les relier, lui apparaît comme une évidence... une fois formulée. Poincaré revivra cet épisode merveilleux à plusieurs reprises.

En 1885, le problème des *n* corps (voir p. 103) fait l'objet d'un concours organisé par Mittag-Leffler pour le roi de Suède, féru de mathématiques. En 1888, c'est l'envoi de 250 pages de Poincaré qui est récompensé ; Weierstrass écrit : *Il est d'une telle importance que sa publication ouvrira une ère nouvelle dans l'histoire de la Mécanique céleste.* Poincaré n'a pas traité le problème le plus général, mais celui du Soleil, et de deux planètes, l'une de masse importante, l'autre de masse petite. Il montre qu'on ne peut parvenir à des solutions explicites ; il met l'accent sur les méthodes qualitatives et géométriques. Parmi les nouveautés, le théorème qu'on nommera plus tard *théorème de récurrence de Poincaré*, qui affirme que, dans le problème qu'il traite, *pour presque toute configuration initiale, la petite planète repassera aussi près qu'on le désire de sa position de départ une infinité de fois.* Mais tout n'est pas clair ; Mittag-Leffler lui demande des éclaircissements et reçoit neuf longues notes. Le prix est attribué, on termine d'imprimer le mémoire quand Edvard Phragmen (1863-1937) attire l'attention de Poincaré sur une nouvelle difficulté.

Poincaré s'aperçoit alors que des conditions initiales très proches peuvent conduire au bout d'un certain temps à des situations tout à fait différentes et qu'on ne peut prévoir, par exemple, si une planète du système solaire (et si c'était notre Terre...) n'allait pas être éjectée à plus ou moins brève échéance (quelques millions d'années...).

Système dynamique

C'est un ensemble d'éléments pour lequel on connaît une loi d'évolution en fonction du temps. Par exemple, le système des planètes du système solaire (c'est l'exemple fondateur pour Poincaré), les particules d'un gaz, les rebonds successifs de boules sur les bords de billards de formes diverses, les variations d'une population d'année en année. Le temps peut varier continûment ou d'une façon discrète. Étudier un système dynamique, c'est chercher à préciser son évolution quand le temps tend vers l'infini. Le comportement peut être simple ou chaotique.

Dans un comportement chaotique, même si le phénomène est déterminé par ses conditions initiales, on ne peut prévoir son comportement, car d'infimes variations de celles-ci provoquent des comportements totalement différents au bout d'un certain temps.[2] Cette situation est très riche et difficile du point de vue mathématique.

Faire des calculs pour étudier de telles situations ne pouvait donner de résultats, surtout à une époque où les ordinateurs n'existaient pas. Poincaré innove, développant de nouvelles méthodes utilisant la géométrie.

Son erreur est fantastique ; elle ouvre sur un domaine extrêmement riche, celui des comportements chaotiques pour les systèmes dynamiques ; mais il faudra attendre les ordinateurs pour mieux voir ce qui se passe. Pour étouffer le scandale qui naissait, Mittag-Leffler récupère, non sans mal, les tirages du mémoire en prétextant une petite erreur ; c'est Poincaré qui rembourse tout ! ... et qui prépare un nouveau texte. Poincaré publie alors *Les méthodes nouvelles de la mécanique céleste*, 1 268 pages en trois volumes (1892-93-99), visionnaires et point de départ de pans entiers des travaux du XXe siècle (systèmes dynamiques, topologie, formes différentielles, théorie ergodique).

Effet papillon, le chaos

Le battement des ailes d'un papillon au Brésil peut-il déclencher une tornade au Texas ? C'est sous cette forme piquant la curiosité, qu'Edward Lorenz (1917-2008) a présenté ses travaux en 1972. On raconte que, dix ans auparavant, il traitait des données météorologiques sur un des premiers ordinateurs. Il utilisait une modélisation avec des équations différentielles dont il calculait des solutions par des méthodes numériques classiques. Il effectuait deux fois ses calculs, pour les vérifier ; voulant prendre un café, il ne rentra pas les données initiales de son calcul avec la même précision ; quand il revint, la machine avait calculé des solutions complètement différentes. Des expériences avec d'autres changements légers des données initiales lui montrèrent l'énorme variabilité du résultat final et qu'il s'agissait d'une propriété de son système d'équations différentielles. C'est un exemple de comportement chaotique ; cela empêche de prévoir pratiquement ce qui va se passer, mais cela n'empêche pas de développer des théories sur ce nouveau sujet. L'ordinateur allait enfin permettre d'explorer numériquement ces situations. Lorenz ajoute, bien sûr, qu'un battement d'ailes d'un papillon au Brésil pourrait aussi bien *empêcher* une tornade au Texas !

Poincaré explore des domaines nouveaux. De 1892 à 1905, il publie une série de cinq mémoires (300 pages) qui fondent la *topologie algébrique* (l'*Analysis Situs* dit-on alors) : *Toutes les voies diverses où je m'étais engagé successivement me conduisaient à l'*Analysis Situs. *J'avais besoin des données de cette science pour poursuivre mes études sur les courbes définies par les équations différentielles et pour les étendre aux équations différentielles d'ordre supérieur, et en particulier, à celles du problème des trois corps.* C'est donc bien le problème des trois corps qui engage Poincaré dans la topologie algébrique, suivant une voie ouverte par Riemann. Poincaré introduit les objets et les méthodes de cette nouvelle discipline à raison d'une idée nouvelle par section ; comme toujours, la rédaction ne suit pas ses idées intuitives, les définitions, les hypothèses ne sont pas toujours bien fondées, etc. ; les mémoires sont *en partie faux, en partie rectifiés, en partie contradictoires*, critique Lebesgue avec mordant ; mais ils vont donner du travail pour pas mal d'années à ses continuateurs. Poincaré disait : *en mathématiques, la rigueur n'est pas tout, mais sans elle, il n'y a rien*. Pour travailler dans des espaces de dimension $n > 3$, Poincaré explique que le langage géométrique ordinaire *peut créer des associations d'idées fécondes et suggérer des généralisations utiles* (la géométrie en dimension au moins 4 n'est pas encore acceptée par tous). En 1907, Poincaré montre (en même temps que Paul Koebe, 1882-1945) un théorème de classification dit « d'uniformisation » qui classifie les surfaces de Riemann simplement connexes : il n'existe que trois modèles de géométrie pour une telle surface : celles du plan, de la sphère, du plan hyperbolique, rien d'autre !

Poincaré a écrit près de 500 mémoires (moins qu'Euler, mais en moins de temps) abordant tous les sujets des mathématiques : la thermodynamique, les probabilités, la physique, renouvelant la vision qu'on en avait alors, ayant sans cesse de nouvelles idées (par exemple, il est très proche des résultats d'Einstein sur la relativité restreinte).

La conjecture de Poincaré

Dans ses articles sur l'*Analysis situs*, Poincaré définit le groupe fondamental d'un espace, c'est-à-dire le groupe des lacets (autrement dit, des courbes fermées continues de l'espace) d'origine fixée, obtenu en identifiant les courbes qu'on peut déformer l'une en l'autre (la présence d'un trou, par exemple, empêche de déformer une courbe qui fait le tour du trou en une courbe qui ne le fait pas ou qui le fait dans l'autre sens, plus généralement une courbe qui fait n fois le tour du trou en une courbe qui le fait m fois).

Trois cents pages plus loin, il conclut son dernier supplément par une question pour une variété de dimension 3 : *Est-il possible que le groupe fondamental de V se réduise à la substitution identique, et que pourtant V ne soit pas* une sphère de dimension 3. Cette simple question deviendra la conjecture de Poincaré et sera généralisée aux dimensions $n \geqslant 3$ (voir p. 235).

Une photo très émouvante (voir ci-dessous) le montre au premier congrès Solvay de 1911, vieilli, assis à côté de Marie Curie qui suit intensément ses explications alors que tout le reste du congrès (rien que des hommes debout, Einstein, etc.) prend la pose (sauf Jean Perrin – 1870-1942 – qui lit). En 1912, Poincaré est toujours aussi actif, se déplace à Londres, Vienne, Bruxelles. Il a des problèmes de prostate ; on l'opère le 9 juillet ; tout semble aller pour le mieux quand une embolie l'emporte, en un quart d'heure, le 17 juillet. *Cette disparition prématurée, en pleine forme intellectuelle, est un désastre*, dit Paul Painlevé (1863-1933).

Figure 9.1. Gras Premier congrès Solvay

Une citation fameuse

Cette citation est extraite de *La valeur de la science*[3]. Elle est sans doute très discutable, mais écrite dans une langue fabuleuse.

Tout ce qui n'est pas pensée est le pur néant ; puisque nous ne pouvons penser que la pensée et que tous les mots dont nous disposons pour parler des choses ne peuvent exprimer que des pensées ; dire qu'il y a autre chose que la pensée, c'est donc une affirmation qui ne peut avoir de sens.
Et cependant — étrange contradiction pour ceux qui croient au temps — l'histoire géologique nous montre que la vie n'est qu'un court épisode entre deux éternités de mort, et que, dans cet épisode même, la pensée consciente n'a duré et ne durera qu'un moment. La pensée n'est qu'un éclair au milieu d'une longue nuit.
Mais c'est cet éclair qui est tout.

David Hilbert (1862-1943)

Hilbert est né à Königsberg[4]. Parmi ses camarades et amis figure Hermann Minkowski (1864-1909), futur grand mathématicien lui aussi[5]. Hilbert avait l'esprit lent : on lui expliquait quelque chose et il ne comprenait pas ; on insistait, on insistait encore... alors il demandait si ce qu'on lui expliquait ne pouvait pas se comprendre d'une façon très simple qu'il indiquait... Le premier grand résultat d'Hilbert est un article de quatre pages qui contourne les énormes calculs de ses prédécesseurs dans la théorie des invariants.

En 1895, un poste se libère à Göttingen et Klein appelle Hilbert pour l'occuper. Hilbert construit une grande maison avec, pour travailler, un grand tableau noir de six mètres de long contre le mur de son voisin dans une allée couverte. Göttingen devient le plus grand centre mathématique de son époque. Dans ses cours, Hilbert buttait sur des difficultés imprévues, s'arrêtait pour réfléchir, partait sur une idée nouvelle ; mais il avait un succès fou.

En 1897, le *Zahlbericht* est un rapport rassemblant tous les travaux sur la théorie des nombres algébriques ; Hilbert, *sans négliger le point de vue historique, y reprend toute la théorie d'une manière didactique, suivie, complète et personnelle... fait ressortir les théorèmes essentiels...* ; le théorème 90, connu par son numéro dans le rapport, est central en théorie de Galois et s'ouvre sur la cohomologie.

En 1899, Hilbert donne, dans les *Grundlagen der Geometrie*, un système d'axiomes complet de la géométrie plane : axiomes sur l'existence de droites et de plans, sur la relation : *être situé entre*, sur la congruence de figures, sur la continuité, axiomes d'Archimède et des segments emboîtés, des parallèles. Les axiomes donnés par Euclide sont enfin complétés. Hilbert étudie l'indépendance des axiomes à l'aide de modèles satisfaisant certains d'entre eux et pas les autres. En utilisant un repère, il montre que les axiomes de l'arithmétique sont non contradictoires si et seulement si les axiomes de la géométrie sont non contradictoires. Le travail de Hilbert va influencer tout le développement de la logique mathématique du XXe siècle. Hilbert s'est complètement libéré des représentations du monde physique dans sa formulation mathématique. Raymond Queneau, qui adorait les mathématiques, rappelle dans son dernier texte : *Les fondements de la littérature selon David Hilbert* comment Hilbert *attendant le train pour Königsberg en gare de*

Berlin, murmura pensivement : "Au lieu de points, droites et plans, on pourrait tout aussi bien employer les mots : tables, chaises et vidrecomes" (Tischen, Stuhlen und Bierseideln (chopes de bière)), et Queneau remplace points, droites et plans par *mot*, *phrase* et *paragraphe* dans les *Grundlagen*... pour un effet très drôle.

Le congrès des mathématiciens de 1900 est l'occasion pour Hilbert de proposer 23 problèmes (voir p. 189).

Hilbert étudie ensuite longuement les équations intégrales, orientant l'analyse fonctionnelle des cinquante années suivantes.

Einstein a commencé à réfléchir à sa théorie de la relativité générale en 1907. En juin 1915, il vient exposer à Göttingen l'avancement de ses travaux. La partie mathématique n'est pas achevée et passionne Hilbert. Einstein, qui ne veut pas être devancé, travaille intensément. En novembre, l'un et l'autre échangent par écrit, arrivent à des solutions concordantes. C'est Einstein qui marquera de son nom la mise au point de la relativité générale. En 1924, Hilbert écrit avec Richard Courant (1888-1972) *Methoden der Mathematischen Physik*, un livre qui est longtemps resté une référence.

À partir de 1922, Hilbert travaille sur les fondements des mathématiques. Il explicite clairement son programme, le 8 septembre 1930, dans un discours à la radio de Könisberg (un enregistrement de ce discours a été conservé ; on peut donc entendre la voix claire et précise de Hilbert) et il propose le slogan célèbre : *Wir müssen wissen, Wir werden wissen* (*Nous devons savoir, nous saurons*).

Pendant toutes ces années, Hilbert a été apprécié, aimé et admiré. C'était un homme simple, direct, chaleureux ; il adorait danser, il venait faire ses cours en bras de chemise par temps chaud, ce qui était très inhabituel dans l'Allemagne de cette époque ! Il ignorait les frontières créées par la guerre.

Quand les non-mathématiciens du Conseil de l'Université refusèrent de donner le moindre poste à la grande Emmy Noether (1882-1935), pour la simple raison qu'il ne pouvait imaginer qu'une femme devienne leur collègue, Hilbert dit que le Conseil n'était pas un établissement de bains. Il avait des idées très nettes sur l'égalité entre hommes et femmes dans l'étude des mathématiques ; il partagea ses cours avec Emmy Noether, la payant sur son propre salaire pendant des années. C'est à Emmy Noether qu'on doit deux théorèmes très profonds et novateurs sur la façon de penser notre monde physique. Les théorèmes datent de 1915. Ils expriment les liens entre les symétries dans les lois de l'Univers et les quantités physiques (moment cinétique, charge électrique, etc.) qu'elles conservent. Einstein admirait ces théorèmes et le génie mathématique créatif d'Emmy Noether. C'est à Emmy Noether, à Hilbert et à Emil Artin (1898-1962) qu'on doit toute une partie des idées de l'algèbre moderne, rédigées dans un livre d'une grande influence, le *Moderne algebra* de Bartel Van der Waerden (1903-1996) publié en 1930, traduit en anglais et souvent réédité.

En 1933, les nazis arrivent au pouvoir en Allemagne et commencent à chasser de l'Université tous ceux qui sont juifs, ont un ascendant juif, etc. Hilbert, qui a toujours travaillé avec les uns et les autres sans se poser de questions, ne comprend pas ; *C'est illégal !* dit-il. Emmy Noether, Courant et d'autres moins connus, des physiciens, sont démis de leurs fonctions les 25 et 27 avril ; Hermann Weyl, dont la femme est juive, tente de négocier pour tous, puis il part lui aussi aux États-Unis. Le ministre de l'Éducation s'extasie devant Hilbert : *Comment sont les mathématiques à Göttingen depuis que nous vous avons débarrassé de l'influence juive ?* Hilbert répond tristement : *Il n'en reste vraiment plus.* Puis il oublie tout ; plus rien ne l'intéresse. La guerre arrive ; il reste seul avec sa femme ; il oublie tout de plus en plus. Il meurt le 14 février 1943 ; son enterrement est suivi par quelques personnes.

Les 23 problèmes de Hilbert

Les premiers congrès internationaux de mathématiciens ont été organisés à la fin du XIXe siècle : à Chicago (1893), Zürich (1897), Paris (1900). Depuis 1900, ils ont eu lieu tous les 4 ans (sauf en 1916, 1942, 1946) ; les premiers rassemblaient 200 personnes ; les plus récents plus de 5 000.

Pour son intervention du 8 août 1900 au congrès de Paris, Hilbert se prépara soigneusement, en discutant avec ses amis Hurwitz (1859-1919) et Minkowski. Il proposa une liste de problèmes ouverts, chacun comme une sorte de défi aux générations futures, dont la solution marquerait la communauté mathématique et apporterait la gloire à son auteur. Il donna sa conférence en allemand, ayant fait distribuer un résumé en français : *Wer von uns würde nicht gern den Schleier lüften, unter dem die Zukunft verborgen liegt, um einen Blick zu werfen auf die bevorstehenden Fortschritte unserer Wissenschaft und in die Geheimnisse ihrer Entwicklung während der künftigen Jahrhunderte !*[6]

Les 23 problèmes choisis par Hilbert se sont presque tous révélés effectivement extrêmement difficiles, dignes des recherches des mathématiciens du XXe siècle et ouvrant la voie à de nouvelles théories.

L'hypothèse du continu

Le premier problème est l'*hypothèse du continu*, problème de théorie des ensembles posé en 1878 par Cantor : il s'agissait de montrer qu'il n'existe pas d'infini intermédiaire entre celui de l'ensemble des entiers et celui, strictement plus grand, de l'ensemble des réels. C'est Paul Cohen (1934-2007, médaille Fields 1966) qui apporte la réponse, négative, en 1963, en créant la méthode du *forcing* : la théorie des ensembles n'avait pas assez d'axiomes sur l'infini pour décider; on peut choisir différents axiomes. Paul Cohen n'était pas un spécialiste de ce domaine de recherche, mais seules l'intéressaient les questions vraiment difficiles où personne n'avait rien trouvé.

Le deuxième problème est celui de la non-contradiction d'un système d'axiomes pour l'arithmétique (voir p. 199).

Le septième problème demande de montrer la transcendance de nombres de la forme a^b, avec a algébrique, $a \neq 0, 1$ et b algébrique irrationnel (par exemple : $2^{\sqrt{2}}$), un problème qui remonte à Euler (voir p. 113). Un nombre transcendant est un nombre qui n'est pas algébrique, autrement dit qui n'est solution d'aucune équation à coefficients entiers.

En 1844, Liouville avait donné les premiers exemples concrets de tels nombres comme $\sum_{n\geqslant 0} 1/10^{n!}$. Hermite, en 1873, avait montré la transcendance de e et Ferdinand von Lindemann (1852-1939), en 1882, celle de π (ainsi, les efforts de tous ceux qui cherchaient à construire depuis 2000 ans à la règle et au compas un carré de même aire qu'un cercle donné étaient-ils absolument vains !). Hilbert considérait son septième problème comme extrêmement difficile, mais Alexandre Gelfond (1906-1968) et Theodor Schneider (1911-1988) le résolvent en 1934-35.

Le huitième problème est la conjecture de Riemann (voir p. 167), toujours ouvert.

Lynx et lièvres arctiques

Pour donner une petite idée de la seconde partie du seizième problème, rendons-nous dans le Grand Nord canadien à la fin du XIXe siècle. La Compagnie de la baie d'Hudson déterminait chaque année les effectifs $x(t)$ de lynx et $y(t)$ de lièvres arctiques tués. Les années où $y(t)$ était important, les lynx disposaient de nourriture, se reproduisaient, $x(t)$ croissait ; les lièvres étaient mangés et $y(t)$ diminuait. Les années où $y(t)$ était faible, les lynx n'ayant pas assez à manger, $x(t)$ diminuait et, par conséquent $y(t)$ croissait. Ce cycle se reproduisait régulièrement sur une période de quelques années. La modélisation de ce problème conduit à un système de deux équations différentielles, dites de Lotka-Volterra (Alfred Lotka, 1880-1949 et Vito Volterra, 1860-1940) : $x'(t) = P(t), y'(t) = Q(t)$ (P et Q sont des polynômes) où le point $(x(t), y(t))$ tend à parcourir une courbe appelée cycle limite. Hilbert demande d'étudier le nombre de cycles limites de systèmes analogues en fonction des degrés de P et Q. De nombreux travaux ont permis de mieux comprendre ce problème, parfois en corrigeant une erreur dans le travail précédent, mais il reste encore beaucoup à faire sur ce sujet.

Le dixième problème porte sur la résolution en nombres entiers d'équations à coefficients entiers ayant un nombre d'inconnues quelconque. C'est Iouri Matiyasevitch (né en 1947) qui montre, en 1970, qu'il n'existe pas d'algorithme général pour reconnaître si des solutions rationnelles existent, utilisant les résultats de nombreuses années de recherche de Julia Robinson (1919-1985).

Le douzième problème s'intéresse à la théorie de Galois.

Nous évoquerons le treizième problème plus loin (voir p. 210).

Point de vue sur les mathématiciens en 1900

Ce point de vue est celui de Gaston Darboux au banquet d'adieu du Congrès de Paris, le 12 août : *il n'est pas de savants dont les travaux soient plus désintéressés, ni moins susceptibles de conquérir la masse des profanes.*

Le seizième problème consiste à comprendre comment se disposent les unes par rapport aux autres les différentes composantes d'une courbe algébrique réelle (penser à des cercles qui peuvent être les uns dans les autres, les uns à côté des autres de multiples façons). Le seizième problème comporte une seconde partie.

10

PREMIÈRE MOITIÉ DU XXe SIÈCLE

Les deux guerres mondiales ont changé les rapports entre le monde scientifique et le monde militaire. Pour les mathématiques, ces changements ont surtout lieu au moment de la seconde guerre mondiale et des hommes comme Vannevar Bush et John Von Neumann jouent un rôle essentiel.

Jacques Hadamard (1865-1963)

Le résultat le plus célèbre d'Hadamard est la démonstration du théorème des nombres premiers (voir p. 136), en 1896, alors qu'indépendamment, Charles de la Vallée Poussin (1866-1962) en faisait autant, tous deux s'appuyant, de façon surprenante puisqu'il s'agit d'un théorème d'arithmétique, sur la théorie des fonctions de variable complexe et sur l'article de Riemann de 1859 (voir p. 167). On supposa pendant longtemps que cette démonstration rendait immortel ; d'année en année, la conjecture se vérifiait jusqu'à ce qu'elle s'avère fausse, pour l'un, puis pour l'autre.

Hadamard était un personnage charmant, d'un enthousiasme juvénile, d'une mémoire et d'une vivacité d'esprit extraordinaires, toujours prêt à passer huit jours à cheval (même à 80 ans) pour aller chercher les fougères dont il était un grand connaisseur (ses collections sont parmi les plus importantes de France)[1]. Il habitait près de la place Denfert-Rochereau à Paris, organisait des concerts où Einstein aimait jouer du violon… À partir de l'affaire Dreyfus (avec lequel il était parent), il a été de toutes les luttes pour la justice, contre le fascisme, etc. Il travaillait encore à 95 ans, mais se fatiguait plus vite. Il était aussi d'une distraction incroyable : citons son oubli des laissez-passer pour fuir la France pour les États-Unis en 1942 (ce qui vaudra à toute la famille de séjourner quelques jours en prison à Ellis Island), etc. Le dessinateur Christophe (George Colomb, 1856-1945) s'en est inspiré dans sa bande dessinée sur le savant Cosinus.

Figure 10.1. Le célèbre rébus de Jacques Hadamard.

Hadamard a abordé tous les domaines de l'analyse : étude de la série de Taylor (son rayon de convergence, son comportement sur le bord du disque de convergence, etc.), étude des EDP, où il définit la notion de problème bien posé (dont la solution existe, est unique et dépend continûment des conditions initiales), étude des équations de l'élasticité et de la propagation des ondes de surface, etc. Ses *Leçons de géométrie* (1898-1901) influencent les grandes réformes de 1905. De 1920 à 1933, Hadamard dirige le seul séminaire de mathématiques existant alors à Paris ; c'est là que les futurs membres de Bourbaki se sont formés ; Hadamard faisait exposer des travaux récents, posait des questions quand il ne comprenait pas, ayant sans cesse des idées et des suggestions.

Les drames n'ont pas manqué dans la vie de Hadamard. Trois de ses fils sont tués, deux à Verdun en 1917, à deux mois d'intervalle, le troisième pendant la seconde guerre mondiale.

La solution du rébus : Le Roi Pépin sans air (*R*), sans eau (*o*), sans lit (*l'i*), sans pain (*pin*), ayant perdu le peu (*Pé*) qui lui restait, gémit (*g mis*) tout seul dans son coin.

Henri Lebesgue (1875-1941)

Enfant de milieu modeste, Lebesgue a pu poursuivre ses études grâce au soutien constant du maire de Beauvais. Quand il était à l'ENS, Lebesgue, très critique vis-à-vis d'un énoncé de géométrie différentielle de Darboux, dont il contestait les hypothèses, montrait son mouchoir chiffonné dans sa main à ses condisciples : était-ce une surface développable (applicable sur une table) ? La réponse est oui, mais Lebesgue soulevait un problème difficile. John Nash (1928-2015) a donné, en 1954, un exemple surprenant de surface développable ne contenant aucun morceau de droite, mais admettant des plans tangents en tout point.

Le premier article de Lebesgue date de 1901, sa thèse, *Intégrale, longueur, aire*, de l'année suivante, *une des plus belles qu'aucun mathématicien a jamais écrite.*

Lebesgue fonde la théorie de la mesure, essentielle pour la théorie des probabilités, et où des expressions comme *presque toujours, presque partout* ont un sens précis. Tout le monde mathématique utilise aujourd'hui l'intégrale de Lebesgue ; elle est enseignée au niveau de la licence ; pour les fonctions définies sur $\mathbb{R}$ et prenant un nombre fini de valeurs $a_1, \ldots, a_n$, elle est définie par la somme $\sum_{1 \leqslant i \leqslant n} a_i m_i$ où m_i est la mesure de l'ensemble des x tel que $f(x) = a_i$. On part de l'axe des y alors que l'intégrale de Riemann part de l'axe des x. Le calcul des deux intégrales est donc complètement différent. Il existe plus de fonctions intégrables au sens de Lebesgue qu'au sens de Riemann, ce qui permet d'énoncer des résultats plus agréables, comme les théorèmes de convergence monotone, de convergence dominée, etc. L'intégrale de Lebesgue rend des services dans une grande partie des mathématiques, en particulier dans le domaine des probabilités et dans le domaine de l'analyse. Le travail sur son intégrale conduit naturellement Lebesgue à des problèmes de topologie, un sujet qui va bientôt devenir à la mode. Pendant la guerre de 1914-1918, Lebesgue s'est beaucoup occupé de balistique (voir p. 200). Lebesgue était un professeur remarquable ; pour lui, l'enseignant *doit penser devant ses élèves* et les détails du cours doivent être improvisés.

Srinivasa Ramanujan (1887-1920)

Voici une histoire absolument extraordinaire[2]. Ramanujan est d'une famille pauvre du sud de l'Inde. À 13 ans, il acquiert un résumé de mathématiques contenant 6 165 énoncés de théorèmes quasiment sans démonstrations. Il absorbe tout, comprenant à sa manière. Mais il est incapable de poursuivre des études universitaires, l'esprit rempli jour et nuit de mathématiques, réinventant des notions déjà connues, en créant de nouvelles, ayant une intuition ahurissante de nouvelles formules (il disait que la déesse Namakkal les lui inspirait pendant son sommeil). Les premiers résultats mathématiques qu'il fait connaître lui assurent un petit poste dans un bureau d'agence portuaire, mais personne ne reconnaît son génie. Ayant eu connaissance d'un livre d'Hardy (1877-1947), Ramanujan lui écrit à Cambridge en janvier 1913, envoyant une liste de 120 de ses formules. Quelle lettre ! Hardy se convainc qu'elle est de la main d'un génie et invite Ramanujan à Cambridge. Celui-ci y arrive en avril 1914 et initie une collaboration journalière avec Hardy, l'étonnant par ses idées, la façon dont il les obtient en partant d'exemples numériques. Des résultats sur des séries, les fonctions elliptiques, la fonction Γ, les fractions continues, des évaluations de quantités, des conjectures toujours actuelles (la conjecture sur la fonction τ est démontrée par Pierre Deligne, né en 1944, en 1973) naissent de cette collaboration unique. Ramanujan est bloqué en Angleterre par la guerre, tombe malade en 1917 (tuberculose ou carences graves dues à son régime végétarien ?), fait une tentative de suicide. Il retourne en Inde en 1919 ; sa dernière lettre à Hardy et ses dernières notes rendent compte de sa découverte des *mock theta-functions* dont l'intérêt a été compris récemment. On vient de s'apercevoir que des nombres liés à ces fonctions se retrouvent dans des domaines de recherches actuels (groupes simples et théorie des cordes). Que de choses intrigantes et excitantes à éclaircir !

Théorie des ensembles et résultats de Gödel

Cantor avait créé la notion d'ensemble ; c'était un langage commode qui devait donner un fondement à toutes les mathématiques. On s'aperçut vite qu'il fallait être prudent. Par exemple, on ne pouvait parler de l'ensemble *A* des ensembles n'étant pas éléments d'eux-mêmes ; qu'on suppose que *A* soit élément de *A* ou le contraire, on aboutissait à une contradiction.

Il fallait donc édicter des règles du jeu, des axiomes, en particulier pour tout ce qui concernait l'infini. Cela se révéla très délicat, mais, après les travaux de Ernst Zermelo (1871-1953) des années 1900 et ceux d'Abraham Fraenkel (1891-1965) vingt ans plus tard, un système d'axiomes satisfaisant est mis au point ; il forme la théorie ZF, acronyme formé avec leurs initiales. Un axiome proposé par Zermelo en 1904 joue un rôle particulier, l'axiome de choix : il permet de choisir en une fois, dans une famille infinie d'ensembles, un élément dans chacun d'eux. On peut l'ajouter aux axiomes de ZF : c'est la théorie ZFC.

Peu de mathématicien(ne)s se soucient de ces problèmes, ils n'interviennent quasiment jamais dans leurs recherches.

Mais les spécialistes savent qu'on ne peut être certain que ce système d'axiomes soit non contradictoire ; un jour, quelqu'un parviendra peut-être à déduire rigoureusement de ZFC une formule fausse, tout l'édifice logique des mathématiques s'écroulera et il faudra alors réfléchir à changer le système ZFC.

Quelques années plus tard (voir p. 187), Hilbert définit un programme de travail pour la logique mathématique ; il voulait établir un système axiomatique de l'analyse dont aucune contradiction ne pouvait être déduite.

C'est Kurt Gödel qui révolutionne le sujet dans les années 1930. Né à Brno, dans l'Empire austro-hongrois, il est de langue allemande. Il se forme autant à la philosophie qu'aux mathématiques et à la physique.

Gödel publie en 1931 un article plein d'idées nouvelles exposant ces fameux *théorèmes d'incomplétude* qui ruinent le programme de Hilbert : si on considère un système axiomatique contenant des axiomes formalisant l'arithmétique, il existera des formules vraies dans tout modèle de la théorie (c'est le début de ce qu'on appellera la *Théorie des modèles*) qui ne seront cependant pas *démontrables* dans le système d'axiomes.

À l'exception de John Von Neumann, personne ne comprend alors la profondeur de ces résultats. En fait, ils ne gênent pas les mathématicien(ne)s, car les formules non démontrables sont particulièrement biscornues et on ne risque pas trop d'en rencontrer.

En 1938, Gödel montre un autre résultat important : si la théorie ZF est non contradictoire, il en est de même de la théorie ZFC à laquelle on ajoute l'hypothèse du continu. Ce résultat sera complété en 1963 (voir p. 190).

En janvier 1940, Gödel et son épouse fuient l'Allemagne (par le transibérien). Gödel devient professeur à Princeton où il s'est lié d'amitié, depuis 1933, avec Einstein. Il s'oriente alors vers la philosophie, ses arguments sont toujours d'une grande rigueur ; mais il en garde pour lui une grande part (ses textes sont loin d'être tous publiés actuellement). Plus tard, dans les années 1970, sa pensée devient de plus en plus surprenante ; il donne une preuve de l'existence de Dieu, discute des anges, craint sans cesse pour sa vie et sa santé. Convaincu qu'il va être empoisonné, il cesse de s'alimenter.

Bush et la guerre

En 1931, Vannevar Bush (1890-1974) conçoit une nouvelle machine, l'*Analyseur différentiel*, permettant de résoudre des équations différentielles avec des dispositifs mécaniques. Dès 1935, le BRL (Ballistic Research Laboratory, à Aberdeen au Maryland) utilise une de ces machines pour calculer des tables donnant l'angle de tir pour des canons en fonction de nombreux paramètres (caractéristiques du canon, du projectile, de la poudre, données sur la température, la vitesse du vent...) : il fallait établir une table de 2 à 4 000 trajectoires par canon et chaque table demandait de longs calculs. Ces problèmes sont ceux de la balistique extérieure (au sens où l'on étudie le mouvement de l'obus à l'extérieur du canon), une partie des mathématiques en perpétuel développement et qui cherche à obtenir les résultats les plus précis possibles. Pendant la seconde guerre mondiale, le BRL était capable de calculer 15 tables par semaine et la demande était de 40. Les nouveaux canons étaient donc livrés aux militaires sans tables de tir !

Le rôle de Bush est essentiel aux États-Unis pendant toute la seconde guerre mondiale. Il cumule les postes clés, coordonnant les travaux de 6 000 scientifiques impliqués dans l'effort de guerre. Les documents de l'époque montrent la difficulté d'intégration des mathématiciens à cet effort : ils étaient trop purs et pas assez appliqués. Bush crée l'*Applied Mathematics Panel*, une agence qui organise (de la fin de 1942 à 1946) la coopération entre les mathématiciens, les autres scientifiques et les militaires. Le travail produit par plus de 300 personnes est énorme et touche des domaines très variés des mathématiques appliquées. Les États-Unis deviennent numéro 1 pour les mathématiques. Bush persuade Roosevelt (1882-1945) de débloquer 2 milliards de dollars pour la construction de la bombe atomique[3]. Une photo le montre l'air fermé ou songeur après l'explosion de la première bombe à Alamogardo, au Nouveau-Mexique.

Après la seconde guerre mondiale, le rôle des sciences n'est plus perçu comme accessoire, mais comme central par ceux qui s'occupent de la guerre.

Bush est surtout connu aujourd'hui pour son article de juillet 1945 : *As we may think*, dans lequel il a une intuition extraordinaire des possibilités des ordinateurs actuels, d'Internet, etc. ; il créera le premier hypertext.

John Von Neumann (1903-1957)

Si on ne croit pas que les mathématiques sont simples, c'est qu'on ne réalise pas combien la vie est compliquée, a-t-il dit ; cette volonté de simplifier pour décrire et comprendre quelque chose au monde qui nous entoure est sans doute une des raisons principales de faire des mathématiques[4].

John Von Neumann naît à Budapest dans une famille aisée. C'est un enfant prodige. Il a une mémoire exceptionnelle, étant capable de mémoriser des livres entiers et de les réciter plusieurs années plus tard.

Les premiers travaux mathématiques de Von Neumann lui valent une notoriété mondiale : ils portent sur la logique mathématique, les fondements de la théorie des ensembles avec la définition actuelle des ordinaux, la théorie de la mesure, les fonctions de variable réelle.

Les observations de spectroscopie conduisent, au milieu des années 1920, Werner Heisenberg (1901-1976) à décrire les particules de la physique avec une mécanique nouvelle où les quantités observables ne peuvent plus être multipliées sans précaution : il faut tenir compte de l'ordre dans lequel on multiplie. On dit qu'il n'y a plus de commutativité. On s'aperçoit alors que ce calcul correspond au calcul matriciel où le produit de deux matrices n'est pas commutatif. À la demande de Hilbert, Von Neumann construit sur ces bases, à partir de 1927, une axiomatisation de la mécanique quantique que nous utilisons toujours. À un système de particules, il associe un espace de Hilbert (le nom lui est dû, c'est un espace vectoriel de dimension infinie avec certaines propriétés) ; à un état de ce système, il associe un point de l'espace ; à des changements d'états du système, il associe des opérateurs sur l'espace de Hilbert. Von Neumann ouvre un immense domaine de recherche en mathématiques en étudiant les algèbres que forment ces opérateurs, algèbres qu'on appelle depuis algèbres de Von Neumann. Il cherche à les classifier, obtient des résultats importants, mais laisse des pans entiers à explorer par ses successeurs (voir p. 232).

En 1933, Von Neumann donne une réponse partielle au cinquième problème de Hilbert.

Il est membre de l'Institute for Advanced Study à Princeton à sa création, en 1933, et y restera toute sa vie. L'enseignement n'était pas son point fort : il écrivait dans un coin du tableau, effaçait avant qu'on ait pu copier et sa pensée fluide était difficile à suivre par des étudiant(e)s moyen(ne)s. Il épouse en 1938 une Hongroise, Klara Dan (1911-1963), rencontrée lors de l'un de ses voyages. Il a toujours aimé la vie nocturne ; c'était un habitué des cabarets de Berlin ; avec Klara, ils organisent chez eux, à Princeton, de nombreuses et brillantes soirées. Klara Dan sera une des premières programmeuses, avec la femme de Hermann Goldstine (1913-2004) et celle du sumérologue Samuel Noah Kramer (1897-1990).

Von Neumann développe la théorie des jeux à l'origine des travaux en économie de la seconde moitié du siècle. Il publie un livre fondateur sur le sujet en 1944, écrit en collaboration avec Oskar Morgenstern (1902-1977). La théorie des jeux servira aussi pour modéliser le fonctionnement complexe des armées : emplacements des radars, gestion des ressources humaines et matérielles, maximisation des dommages produits à des ensembles de cibles suivant leur répartition, leur vulnérabilité, leurs moyens de riposte, etc.

La participation de Von Neumann aux recherches militaires des États-Unis est impressionnante ; il y apparaît comme un acteur clef. En 1941, la guerre lui prend le quart de son temps, les années suivantes, la moitié ; il est impossible de citer tous les organismes dans lesquels il est impliqué. Dans les années 1950, il est toujours très sollicité par les militaires et par les civils.

Von Neumann a été associé tardivement à la conception du premier ordinateur, l'ENIAC (*Electronic Numerical Integrator Analyser and Computer*), construit pour le calcul rapide de tables de tir. Mais il comprend tout ce que peuvent apporter à la recherche mathématique ces nouvelles machines et, en visionnaire, explique que les ordinateurs vont permettre de résoudre de nombreux problèmes de mathématiques pures et appliquées pour lesquels une approche purement analytique est impossible, que les algorithmes pour résoudre numériquement ces problèmes avec ces nouveaux matériels très puissants n'ont jamais été étudiés et que de nouvelles branches des mathématiques doivent être développées. Von Neumann intervient de manière décisive pour la conception de l'EDVAC (*Electronic Discrete Variable Automatic Computer*), en particulier dans un rapport de juin 1945 (le *First draft*) où il détaille l'architecture du futur ordinateur, sa partie logique, sa partie arithmétique, sa mémoire, ses unités d'entrée et de sortie ; plus tard, il impose l'écriture des nombres en binaire, préconise l'adoption du bit comme unité de mesure, etc. Enfin, il met sur pied lui-même la construction d'un nouvel ordinateur, l'IAS (*Institute for Advanced Study*) dont l'architecture sera reproduite dans la plupart des ordinateurs jusqu'à nos jours.

Von Neumann, dont l'anticommunisme était très ancien, participa sans état d'âme aux recherches sur la bombe H ; si les Russes y parvenaient les premiers, cela leur donnerait la possibilité de poser des ultimatums insupportables et seule une puissance démocratique, avec des libertés, méritait de posséder cette arme, écrivait-on. L'effet devrait être comparable à celui d'événements naturels comme l'éruption du Krakatoa ou le tremblement de terre de San Francisco. Pour rendre les énormes calculs possibles par l'ordinateur, Stanislaw Ulam (1909-1984) et Von Neumann élaborèrent la méthode de Monte-Carlo, qui allait avoir de multiples applications : simuler au hasard des événements, prendre la moyenne des résultats.

En 1955, Von Neumann est l'un des hommes les plus puissants des États-Unis. Mais il est atteint d'un cancer ; il souffre beaucoup. Sa détresse devant l'approche de la mort semble avoir été terrible, lui qui avait, à sa façon, tellement aimé la vie et su en profiter et avait encore tellement d'idées à développer. Son dernier livre, inachevé, sur l'ordinateur et le cerveau sera publié en 2000.

Utilisations abusives des mathématiques

Il arrive que des non mathématicien(ne)s croient pouvoir baser leurs idées sur des mathématiques qu'ils ne maîtrisent pas.
Par exemple, l'appellation *théorèmes de complétude* a fait rêver quelques philosophes et quelques spécialistes des sciences humaines. Mais on ne peut faire dire n'importe quoi à des énoncés mathématiques et croire que les invoquer dans des situations qui n'ont rien à voir avec leur champ d'application a une quelconque pertinence philosophique. Le livre de Jacques Bouveresse, *Prodiges et vertiges de l'analogie : De l'abus des belles-lettres dans la pensée*, paru en 1999 aux éditions Raisons d'agir, analyse avec finesse et dénonce avec force les dérives auxquelles elles donnaient lieu alors.

11

Autour des années 1950-1970

Dans les années 1950, la hiérarchie plaçant les mathématiques pures au-dessus des mathématiques appliquées est très marquée, surtout en France sous l'influence de Bourbaki. Cette hiérarchie, qu'on peut faire remonter à l'opposition entre les idées de Fourier et celles de Jacobi (voir p. 158), se reflète dans les spécialités honorées par des Médailles Fields, presque toutes décernées à des travaux de géométrie, d'algèbre ou d'arithmétique. Depuis les années 1980, on peut dire qu'un rééquilibrage se produit.

Nicolas Bourbaki (né en 1934)

La guerre de 1914 est terrible en France pour toutes les catégories de la population. Les jeunes scientifiques français ont été moins protégés que les scientifiques allemands du même âge ; beaucoup sont morts (sur les 240 éléves de l'École normale supérieure (ENS), 120 ont été tués, 23 n'ont pas été blessés ; à l'X, en 1919, une promotion rassemblant les élèves des cinq années précédentes a été formée.[1]

La naissance de Bourbaki

Les meilleurs élèves des années 1920 de l'ENS sont de grands mathématiciens : Jean Delsarte (1903-1968, promotion 1922), André Weil (promotion 1922), Henri Cartan (promotion 1923), Jean

Dieudonné (1906-1992, promotion 1924), Jacques Herbrandt (1908-1931, promotion 1925), Claude Chevalley (1909-1984, promotion 1926). Une partie de leur formation se fait, comme je viens de le dire, au séminaire Hadamard ; Jacques Herbrand était, dit-on, le plus fort de tous. Ses premiers résultats de logique mathématique sont remarquables, mais il se tue en randonnant du côté du Pelvoux. Les autres deviennent enseignants dans des facultés de province, se revoient à Paris ; ils trouvent qu'aucun manuel satisfaisant n'existe pour le cours de calcul différentiel et intégral, décident d'en écrire un ensemble (réunion au café Capoulade, à l'angle de la rue Soufflot et du boulevard Saint-Michel, tout près de la Sorbonne, le 10 décembre 1934) ; ils s'engagent sans s'en rendre compte, dans un projet immense. Les réunions succèdent aux réunions, le projet se développe ; à Besse-en-Chandesse, en juillet 1935, au premier d'une longue série de ce qu'ils appelleront *congrès*, le traité semble devoir compter plus de 3 000 pages ; le groupe prend le nom de Bourbaki (pourquoi le nom de ce général français, Charles Bourbaki (1816-1897), d'origine crétoise, qui fit la guerre en Algérie, en Crimée et en France en 1870-71 ?). Le groupe en vient à la rédaction d'un traité qui, écrit-il avec une certaine pointe d'ironie, *prend les mathématiques à leur début, et donne des démonstrations complètes. Sa lecture ne suppose donc, en principe, aucune connaissance mathématique particulière, mais seulement une certaine habitude du raisonnement mathématique et un certain pouvoir d'abstraction.* Sous le titre d'*Éléments de mathématique* (au singulier), un hommage à Euclide, il sera séparé en livres (*Théorie des ensembles, Algèbre, Topologie générale, Intégration,* etc., dix aujourd'hui), chaque livre comportant des chapitres, publiés, seuls ou regroupés avec quelques autres, en fascicules, après de multiples réécritures.

L'œuvre de Bourbaki a eu un impact mondial considérable sur l'ensemble des mathématiques des années 1950 et suivantes. Elle était inspirée par les résultats les plus récents, comme le *Moderne Algebra* (voir p. 188) qui était dans l'esprit formaliste de Hilbert. Elle privilégiait les mathématiques dites *pures*. Toutes les notions étaient reprises dans un cadre déductif impeccable et très général, portant la marque de Dieudonné, le dernier rédacteur ; on entend souvent dire quand on s'interroge sur la présentation d'une notion : *Comment fait Bourbaki ?*, mais bien d'autres mathématiciens, comme Thom, préfèrent un style plus rapide, plus proche des idées, avec moins de rigueur : *L'intendance suivra*. Certaines notions étaient définies pour la première fois comme celle de topologie quotient ou celle de filtre, inventée en 1937 par Henri Cartan, insatisfait des définitions de la notion de convergence qui étaient proposées par ses collègues. Le vocabulaire et les notations choisis avec beaucoup de soin par Bourbaki se sont imposés ; par exemple, les mots *boule, voisinage, compact, surjection, injection, bijection*, la notation de l'ensemble vide : Ø (inventée par Weil en prenant une lettre de l'alphabet norvégien), etc.

Bourbaki a aussi écrit des notes historiques. Son point de vue est très différent de celui de ce livre. Il s'agit d'une histoire des concepts mathématiques et Bourbaki montre les différents moments de leur évolution, de leur naissance (et même avant !) jusqu'à la forme moderne qui est la leur au moment où il écrit.

Depuis 1948, le groupe Bourbaki organise un séminaire[2] dans lequel sont exposés, à l'amphithéâtre Hermite de l'Institut Henri Poincaré, rue d'Ulm à Paris, en trois sessions de cinq ou six conférences chaque année, les résultats mathématiques jugés les plus importants du moment. Depuis le premier exposé d'Henri Cartan, plus de 1100 conférences ont été données !

L'enseignement universitaire a été rapidement transformé à la fin des années 1950 sous l'influence de Bourbaki, le premier signe étant le cours de topologie de Gustave Choquet (1915-2006) en 1954-55[3]. Par contre, la tentative d'introduire des mathématiques dites *modernes* dans l'enseignement secondaire dans les années 1970 a été un échec pour des raisons qui sont toujours discutées.

L'école russe autour d'Andrei Kolmogorov (1903-1987)

Nikolai Lusin (1883-1950) est originaire de la Sibérie. Il s'oriente vers la théorie des fonctions, suivant les travaux de Lebesgue ; dans les années 1920, il fonde avec son maître Dimitri Egorov (1869-1931) la grande école mathématique de Moscou où vont se former les jeunes mathématicien(ne)s russes.

Pavel Uryson (1898-1924) est conduit par des questions d'Egorov à des notions entièrement nouvelles en topologie ; il voyage, rencontre Hilbert et Emmy Noether à Göttingen. Il se noie à Batz-sur-mer en 1924.

Kolmogorov (1903-1987) a apporté des contributions essentielles dans des branches très différentes des mathématiques. À ses débuts, en 1922, il s'intéresse aux séries de Fourier, construisant un contre-exemple important, à la théorie des ensembles, à la logique. Au début des années 1930, il met en place le formalisme des univers (avec des lois de probabilités sur l'espace des événements) que nous présentons aux élèves dès la fin du secondaire.

Il commence en 1929 une amitié profonde et qui ne devait cesser qu'à leur mort avec le mathématicien Pavel Alexandrov (1896-1982). Dans leur maison de Komarovka près de Moscou, ils accueillaient chaleureusement leurs collègues de Moscou ou de passage, comme Hadamard.

C'est en 1941 que Kolmogorov commence ses études sur la turbulence en mécanique des fluides (torrents, ronds de fumée...) et le mouvement des planètes. Poursuivant les travaux de Poincaré (voir p. 180), il les développe au début des années 1950, engageant l'étude des systèmes dynamiques dans de nouvelles voies. Il montre, avec des contributions de Vladimir Arnold (1937-2010) et Jürgen Moser (1928-1999), que sous certaines conditions, les phénomènes chaotiques peuvent avoir des comportements beaucoup plus stables qu'on ne le pensait alors. C'est le début de la célèbre théorie KAM : nom formé à partir des initiales de ses inventeurs. On s'est aperçu depuis que cette stabilité peut n'exister que pour des perturbations très petites.

En 1956-57, Kolmogorov obtient après 15 jours de réflexion intense un résultat surprenant qui conduit Arnold, alors jeune étudiant, à résoudre négativement le treizième problème de Hilbert, puis Kolmogorov à montrer la possibilité d'écrire une fonction continue de plusieurs variables en ne faisant intervenir que des fonctions continues d'une variable et des sommes. La résolution du treizième problème s'ouvrait sur la complexité des espaces de fonctions.

Dans les années 1960, Kolmogorov donne une définition simple de la complexité d'une suite de 0 et de 1 qui allait rendre de multiples services : par exemple, une suite constituée de 100 blocs successifs de 01 : 0101...01 est en général moins complexe qu'une suite de deux cents 0 ou 1 se succédant n'importe comment. Une suite aléatoire est définie comme ayant une complexité maximale. Cela donnait une réponse à la question de Laplace : qu'est-ce qu'un objet pris au hasard ?

La descendance mathématique de Kolmogorov est nombreuse : Arnold, déjà cité ; Israël Gelfand (1913-2009, émigré aux États-Unis en 1990) a publié plus de 500 articles développant les théories des anneaux normés non commutatifs, de la représentation des groupes, des algèbres de Lie, des mathématiques appliquées et de la biologie ; Iouri Manin (1937-2023) a travaillé dans de nombreux domaines de l'algèbre, de la théorie des nombres et de la physique fondamentale et a écrit un beau traité d'algèbre homologique avec Gelfand en 1988, etc. Mais la grande école russe devait être dispersée après la chute du mur de Berlin, le 9 novembre 1989.

André Weil (1906-1998)

André Weil a raconté la première partie de sa vie dans un très beau livre : *Souvenirs d'apprentissage*[4]. Il a été étroitement lié à sa sœur Simone (1909-1943), une philosophe engagée désespérément dans son temps[5], tout aussi remarquable que lui. Weil apprend aussi le sanscrit, se souvenant de *mandam mandam nudati pavanah*... ("Doucement doucement te pousse le vent...") ; il avait une culture exceptionnelle.

Figure 11.1. André et Simone Weil.

Weil commence sa thèse avec Hadamard, se proposant d'attaquer une conjecture célèbre, celle de Mordell (1888-1972) : les courbes algébriques de genre au moins 2 n'ont qu'un nombre fini de points à coordonnées rationnelles. Il y renonce avec sagesse. La conjecture ne sera vaincue qu'en 1983 (par Gerd Faltings, né en 1954, médaille Fields 1986). Il voyage beaucoup (Europe, Inde...). C'est l'un des membres fondateurs de Bourbaki. Il est balloté par le début de la seconde guerre mondiale, comme il le raconte, manque être exécuté comme espion en Finlande, est jeté en prison à Rouen au début de 1940 comme pacifiste. Il dit avoir rencontré en prison des conditions de travail idéales ; c'est là qu'il obtient la démonstration de l'hypothèse de Riemann pour une courbe sur un corps fini (voir p. 167) ; mais il escamote une difficulté qu'il mettra huit ans et plus de 500 pages à justifier... sa désinvolture ne plaît pas à tout le monde ! De 1958 à 1976, il enseigne à l'Institute for advanced study de Princeton.

Weil a obtenu des résultats profonds en théorie des nombres, en géométrie algébrique, etc. à l'origine de plusieurs médailles Fields. Ses trois conjectures enthousiasmantes de 1949 sur le nombre de solutions d'équations diophantiennes ont été résolues, la première par Bernard Dwork (1923-1998) en 1959, la seconde par Grothendieck en 1963, la troisième par Deligne en 1973.

La fameuse conjecture de Shimura-Taniyama-Weil[6] est démontrée par Andrew Wiles (né en 1953), en 1994. Elle entraîne le grand théorème de Fermat, et d'autres résultats magnifiques.

En 1940, Simone Weil aurait aimé que son frère puisse faire partager à tous (à elle en particulier) les résultats de ses recherches mathématiques ; il lui répondait sur l'impossibilité d'expliquer une symphonie à un sourd. Mais son livre passionnant de 1984 sur l'histoire de la théorie des nombres (voir [WEI-num]) est peut-être une sorte de réponse à cette demande ancienne. J'aimerais bien que mon petit livre aille dans la même direction. Quant aux interrogations de Platon sur les idées mathématiques, Weil affirme qu'il les a inventées et non découvertes.

Henri Cartan (1904-2008)

Le père d'Henri Cartan est le grand Élie Cartan (1869-1951), fils d'un forgeron du Dauphiné, repéré à l'école primaire de son village par l'inspecteur Antonin Dubost (1844-1921), qui a développé la théorie des groupes de Lie, la géométrie différentielle, a discuté avec

Einstein de sa théorie de la relativité, etc. ; mais je n'en parlerai pas plus. Les travaux mathématiques d'Henri Cartan portent sur les fonctions de variables complexes, la topologie algébrique, l'algèbre homologique (son livre de 1953 sur le sujet, écrit avec Samuel Eilenberg, est un classique). On sait qu'il fait partie des membres fondateurs de Bourbaki. De 1945 à 1965, il forme les normaliens, les enthousiasmant par ses cours, dansant presque de joie à la fin d'une belle démonstration, connaissant et orientant chacun de ses élèves, encadrant des thèses. C'est à lui, en particulier, qu'est dû le renouveau de l'école mathématique française au changement de génération qui se produit dans les années 1950. À partir de 1948, le séminaire qu'il organise est un des grands lieux de la recherche mathématique mondiale. Les livres de Cartan pour les étudiant(e)s sont d'autres grands classiques. Notons enfin qu'Henri Cartan a été un des premiers militants, inlassable, pour l'Europe et pour le soutien aux mathématiciens persécutés dans le monde, en URSS, en Argentine...

Jean Leray (1906-1998)

Jean Leray fait ses études à Nantes puis à Rennes avant d'entrer à l'ENS en 1926. Leray se tourne d'abord vers la mécanique des fluides. Euler avait donné les équations régissant le mouvement de fluides incompressibles et non visqueux (voir p. 118). Claude Navier (1785-1836) les avait généralisées au cas des fluides incompressibles et visqueux. Elles posent de redoutables problèmes ; on parle d'équations de Navier-Stokes, Georg Stokes (1819-1903) les ayant complétées. Les simulations numériques sur ordinateur ont montré depuis que ces équations étaient une bonne modélisation des mouvements des fluides. Leray (qui ne citait que Navier) s'y attaque dans des articles exceptionnels publiés en 1934 : toutes les idées sont nouvelles et la mécanique des fluides aussi bien que la théorie des EDP en sont bouleversées. Il montre l'existence d'une solution, unique étant donné un état de vitesse initial, dans le cas de la dimension 2. Pour la dimension 3, il montre l'existence de solutions *turbulentes* (on dit maintenant *faibles*) ; la question de l'unicité de ces solutions est toujours ouverte.

Le 24 juin 1940, Leray, resté seul à la tête de sa batterie est fait prisonnier. Il est conduit à l'Oflag XVII A en Autriche. Après avoir fait face plusieurs mois à la famine, il organise une université dans son camp, en est le recteur, fait passer 500 diplômes. Ne voulant pas que les Allemands puissent utiliser ses qualités de chercheur en mathématiques appliquées, il s'oriente vers des sujets théoriques de topologie algébrique, sans documentation. Les outils qu'il crée vont être à la base des développements futurs de l'analyse et de la géométrie algébrique. Il travaille sur les groupes de cohomologie, élabore la théorie des faisceaux, qui permet de relier les propriétés locales et globales, et sa fameuse suite spectrale. Il est libéré le 10 mai 1945, publie ses résultats, les améliore avec Henri Cartan, les expose au Collège de France où il enseignera à partir de 1947. Il revient alors aux fonctions de plusieurs variables complexes et obtient une longue série de résultats profonds (dont un théorème généralisant le théorème des résidus de Cauchy, en 1959) qui, là encore, ouvrent de vastes domaines de recherche. Il est à l'origine de la grande école de mathématiques dites *appliquées* française et Jacques-Louis Lions soulignera ce qu'il lui devait.

Laurent Schwartz (1915-2002)

Dans un très beau livre *Un mathématicien aux prises avec le siècle*[7], Laurent Schwartz retrace son itinéraire de mathématicien, d'homme et sa vie de militant contre les injustices. La période de la guerre est difficile pour Schwartz, d'origine juive, qui doit se cacher.

Schwartz raconte son invention des distributions : au début d'une nuit de novembre 1944, l'étincelle jaillit ! Il s'agit d'une généralisation de la notion de fonction. Un exemple très significatif : la fonction δ de Dirac (Paul Dirac, 1902-1984), nulle partout, sauf en 0 où elle est infinie et telle que $\int_{-1}^{1} f(t)\delta(t)\mathrm{d}t = f(0)$ pour toute fonction f. Mais l'éclat de lumière se révélera un peu imparfait et Schwartz ne comprendra vraiment ce que doit être une distribution que quatre mois plus tard. Les distributions sont maintenant d'un usage constant dans les mathématiques appliquées et certaines branches de la physique. Il reçoit la médaille Fields en 1950.

Schwartz organise, avec d'autres, la soutenance de thèse *in abstentia* de Maurice Audin (1932-1957), jeune mathématicien arrêté, torturé et assassiné par l'armée française à Alger en juin 1957. C'est lui aussi qui est à la tête des comités Vietnam en 1965 et qui propose à Grothendieck d'aller y donner des cours sous les bombes en 1967.

Schwartz avait une sorte de handicap : il était incapable de voir dans l'espace, de se diriger dans une ville, devant faire appel à sa femme sitôt le premier coin de rue franchi. Cela ne l'handicapait pas cependant pour travailler dans des espaces de dimension infinie.

Schwartz a été professeur à Polytechnique[8] y créant à partir de rien un grand centre de recherche mathématique où bon nombre d'élèves ingénieurs devinrent chercheurs. Il est à l'origine d'une grande partie de l'école française d'analyse actuelle.

Alexander Grothendieck (1928-2014)

Les premières années de la vie d'Alexander Grothendieck sont dramatiques[9]. C'est le fils d'Alexander Schapiro(1890-1942), un juif hassidim d'origine ukrainienne qui a passé une grande partie de sa vie dans des combats révolutionnaires (il y a perdu un bras et a été condamné à mort par le régime tsariste, puis par le régime soviétique) et de Hanka Grothendieck (1900-1957), une journaliste allemande. Il naît à Berlin. En 1933, ses parents le laissent à une famille allemande et partent en France, puis en Espagne combattre avec les Républicains.

En 1939, la situation devenant inquiétante en Allemagne, Grothendieck est renvoyé à ses parents en France par le train. Son père est interné au camp du Vernet ; les Français le livrent aux Allemands en 1942 et il meurt à Auschwitz. Avec sa mère, le jeune Alexander est interné au camp de Rieucros, près de Mende. Alexander parvint à rejoindre Le Chambon-sur-Lignon, la célèbre commune des Cévennes où le pasteur André Trocmé (1905-1971) et sa femme Magda (1901-1996), qui viennent de fonder le *Collège cévenol*, organisent avec toute la population (huguenote) du village le sauvetage de 3 000 à 3 500 enfants juifs. Grothendieck grandit ; il se pose seul des questions de mathématiques, sur le cercle, sur le triangle. À la fin de la guerre, il va passer une licence à Montpellier, travaillant toujours seul, allant juste aux examens. Recommandé à Henri Cartan par un professeur, il monte à Paris. Comment a-t-il atteint le niveau qui lui permet d'assister au séminaire Cartan, de poser des tas de questions, on ne sait pas. Il apprend en conversant avec les autres, puis en reconstruisant entièrement par lui-même ce qui lui a été dit. Il ne pense pas à chercher dans un livre une démonstration.

L'explosion mathématique de 1949 est légendaire. Henri Cartan lui propose d'aller à Nancy travailler avec Dieudonné et Schwartz. Grothendieck leur demande des problèmes ; il a des idées très générales (trop, comme le lui dit Dieudonné, très agacé). Ils lui donnent une liste de 14 questions auxquelles ni l'un ni l'autre ne savent répondre. Grothendieck disparaît. Quelques semaines plus tard, à leur énorme stupéfaction, il revient en ayant tout résolu ! Ses solutions sont *profondes et difficiles*, écrit Schwartz. Sa thèse, soutenue en 1953, sur les espaces vectoriels topologiques est exceptionnelle, mais il considère avoir épuisé le sujet. Ces travaux ont trouvé ces dernières années des applications surprenantes en informatique et en physique quantique.

Apatride (il a un passeport Nansen), refusant de faire son service militaire pour être naturalisé français, il ne peut trouver de poste après sa thèse et part au Brésil, puis au Kansas. Il publie un article remarquable sur la théorie des catégories en 1957 dans le *Tohoku mathematical journal* et le nom du Tohoku est resté associé à ce travail ; de nouveaux concepts, généraux et féconds, sont introduits.

Le langage des catégories et des foncteurs

Depuis Poincaré, et même bien avant, on a cherché à associer à des espaces topologiques des objets plus faciles à manier (groupes d'homologie, d'homotopie, etc.). Cette association peut se décrire avec ce que Saunders Mac Lane (1909-2005) et Samuel Eilenberg (1913-1998) ont appelé des catégories, des foncteurs et des transformations naturelles dans une série d'articles en commun des années 1940. Le langage des catégories, les diagrammes de morphismes, sont d'une grande utilité pour décrire et analyser des situations générales. Il a permis, parmi tant d'autres exemples, à Grothendieck de définir ses topos. Les topos eux-mêmes ont conduit William Lawvere (1937-2023) et Jean Bénabou (1932-2022) à repenser toute la théorie des ensembles. La notion de topos est l'une des plus profondes de Grothendieck, selon Peter Scholze (né en 1987).

En 1958, Léon Motchane (1900-1990), industriel passionné de mathématiques, fonde l'IHES (Institut des hautes études scientifiques), sur le modèle de celui de Princeton. L'Institut est construit à Bures-sur-Yvette, dans la vallée de Chevreuse au sud de Paris, dans un parc merveilleux. Les deux premiers membres pour les mathématiques sont Dieudonné et Grothendieck. Grothendieck crée un nouveau cadre de pensée, la *théorie des schémas* (1958), une révolution dans la géométrie algébrique. La théorie des équations polynomiales est développée sur des anneaux et non plus seulement sur des corps, ce qui permet une unification de la géométrie algébrique et de la théorie des nombres suivant des idées de Serre, Weil et Galois. Pour Grothendieck : *on n'attaque pas de front un problème, mais on l'enveloppe et le dissout dans une marée montante de théories générales.* Cette théorie immense, où les noms des nouveaux objets sont choisis avec soin, va porter de magnifiques fruits.

Le mardi était une journée chargée : cours de Serre au Collège de France le matin, déplacement dans la vallée de Chevreuse le midi, séminaire de l'IHES l'après-midi ; Serre et Grothendieck se voyaient à cette occasion ; leurs approches se complétaient, Serre étant toujours prudent, Grothendieck lançant sans cesse de nouvelles idées[10]. Les mathématiques s'inventaient dans un jaillissement ininterrompu ; le soir et la nuit, Grothendieck écrivait, seul. Il se fixait des tâches immenses ; il cherchait à mettre de l'ordre dans des domaines pleins de brumes et de chaos, s'émerveillait de dévoiler, au prix d'un travail minutieux, des correspondances entre des champs éloignés, construisait, écrit-il, *de toutes pièces des maisons qu'une voix (ou un démon…) intérieur m'enjoignait de bâtir.* Avec l'aide de Dieudonné, Grothendieck rédige les *Éléments de géométrie algébrique*, un texte de 1 500 pages, inachevé, publié de 1960 à 1967 ; avec ses élèves, il rédige les 6 000 pages des fameux *Séminaires de géométrie algébrique* (la série des SGA1, 2… 7). Toutes celles et tous ceux qui y ont participé s'en souviennent avec émotion comme d'une période unique dans leur vie. Toutes celles et tous ceux qui ont lu ces textes en ont admiré la beauté du style d'exposition.

$$\begin{array}{c} X \\ \downarrow \\ S \end{array}$$

Grothendieck pouvait être facétieux. Je me souviens que lors d'un exposé à Rennes en 1972, il avait effacé le tableau en laissant juste un S écrit par le conférencier précédent et il s'était arrangé pour que son exposé l'amène à écrire un X et une flèche verticale ↓ pour former un schéma relatif, la base de toute sa théorie, une notation que Serre traçait au tableau à l'IHES avant les exposés de Grothendieck. Il avait grimacé et tiré la langue, ravi !

Grothendieck a reçu la médaille Fields en 1966 sans aller la chercher à Moscou (par solidarité avec les écrivains Iouli Daniel, 1925-1988, et Andrei Siniavski, 1925-1997, qui venaient d'être condamnés). Il est d'une générosité entière, aussi bien avec ses collègues sur le plan scientifique qu'avec ceux qui n'ont pas d'argent et à qui il donne sans compter. Il est absolument antimilitariste. À partir de 1970, sa vie bascule. Peut-être le désirait-il depuis quelques temps. Des tensions sont apparues dans l'Institut. Grothendieck traite Léon Motchane de *fieffé menteur* et, comme l'IHES reçoit un peu d'argent de l'armée, il part. Toujours avec la même énergie, il devient militant écologiste, fonde son propre mouvement. Ses réflexions sont radicales. Il propose par exemple de repenser complètement les objectifs et l'organisation de la recherche scientifique, qu'elle soit faite par tous et pour tous, etc. On ne lui propose qu'un poste de professeur à Montpellier. Il vit parfois dans des conditions de grande précarité, n'ayant besoin que d'un lieu éclairé pour poursuivre ses recherches la nuit et d'un torrent pour se laver. Il publie de nouveau des mathématiques dix ans plus tard :

La longue marche à travers la théorie de Galois (1980-1981, 1 600 pages manuscrites), *Esquisse d'un programme* (de candidature à un poste au CNRS), dont les 48 pages contiennent des merveilles comme ce qu'on appelle les *dessins d'enfants* (le nom choisi par Grothendieck souligne la grande simplicité des idées fondamentales qu'il cherche à dégager) qui permettent des représentations de l'un des objets les plus fascinants : le groupe de Galois du corps $\overline{\mathbb{Q}}$ des nombres algébriques sur $\mathbb{Q}$. Et puis l'*Esquisse* a conduit un jeune étudiant russe, Vladimir Voevodski (1966-2017), à apprendre le français pour pouvoir lire ce texte, s'en inspirer et s'engager dans des recherches pour lesquelles il obtient la médaille Fields en 2002.

De 1983 à 1985, Grothendieck écrit *Récoltes et semailles* (voir [GRO-Réc]), une sorte de très longue lettre témoignage[11], tapée à la machine, dédicacée *à ceux qui furent mes aînés*, ces mathématiciens qui l'ont accueilli, avec chaleur et sans mépris pour lui qui ne savait encore rien, dans le monde mathématique français des années 1947-48. Il ne la diffuse qu'à un peu plus d'une centaine de personnes. Dans une très belle langue, Grothendieck cherche à offrir à ceux à qui il s'adresse le meilleur de sa pensée. Il écrit : *Toute science n'est autre chose que cette harmonie, plus ou moins vaste et plus ou moins riche d'une époque à l'autre, qui se déploie au cours des générations et des siècles par le délicat contrepoint de tous les thèmes apparus tour à tour, comme appelés du néant pour se joindre en elle et s'y entrelacer*. Il veut *dire en des mots simples* ce qu'il a vu ; il analyse ses relations avec les mathématiques, avec ses collègues et élèves, avec lui-même, donnant à lire ses interrogations, ses doutes, ses reproches. Tout est analysé avec un grand souci proclamé de rigueur et d'honnêteté et ne doit pas être pris comme un *règlement de comptes*, écrit-il. Mais les voies mathématiques qu'il avait ouvertes n'ont pas été poursuivies comme il en avait l'idée, ni sa théorie des *motifs*, etc. Des souffrances et des blessures anciennes semblent affleurer tout au long du texte : ses idées et ses résultats ne sont plus cités au *mépris de la règle la plus universellement admise dans l'éthique du métier de mathématicien*, c'est comme un *enterrement par le silence*. Le mot *enterrement* revient dans les titres de différentes parties ; Grothendieck se demande s'il a contribué lui-même à la formation de cet état d'esprit. J'écrivais en 2018 que ce grand texte aux reflets sombres mériterait une large diffusion. Une édition de près de 2 000 pages est enfin parue en 2021[12] ; un tirage de 5 000 exemplaires a vite été épuisé ; une seconde édition augmentée est parue en janvier 2023.

Grothendieck pensait avoir accompli en plus de 10 000 pages *le plus vaste travail de fondements de l'histoire des mathématiques et sûrement l'un des plus vastes de l'histoire des sciences*.

En 1991, Grothendieck franchit une nouvelle étape : il se retire du monde, refusant les contacts, dans un petit village près de Tarbes. Seules quelques personnes savent où il vit. Il écrit chaque nuit pendant des heures sur la méditation, le diable, la physique ; et peut-être encore des mathématiques.

À sa mort, le 13 novembre 2014, sa vie, réduite à quelques faits, est longuement commentée dans les médias. Je croyais en 2018 que la lecture d'une partie des 28 000 pages qu'il avait laissées serait rapidement possible. Malheureusement, tout est toujours entassé dans une cave.

Jean-Pierre Serre (né en 1926)

Jean-Pierre Serre est le fils d'un pharmacien ; il est né dans les Pyrénées-Orientales. Après l'École normale supérieure, il écrit rapidement une thèse splendide sous la direction d'Henri Cartan en développant des techniques dues à Leray pour calculer des objets de la topologie algébrique, en particulier les groupes d'homotopie des sphères pour de petites dimensions. Il en est récompensé par une médaille Fields en 1954, à 28 ans, un record.

Dès 1956, il est nommé professeur au Collège de France. Il improvise sa leçon inaugurale et c'est la seule qui ne soit pas rédigée ! Jusqu'à sa retraite (en 1994), il respectera la règle de cette institution : enseigner chaque année des résultats nouveaux. Ses cours le conduisent à écrire une douzaine de livres, souvent réédités ; son *Cours d'arithmétique* est un vrai succès ; le dernier chapitre est consacré aux formes modulaires, une notion que certains considèrent comme aussi importante que les quatre opérations : addition, etc. et qui permet d'obtenir des résultats difficiles, d'une grande beauté et d'une grande profondeur en théorie des nombres. Ses œuvres complètes forment quatre épais volumes. Le style de Serre est la perfection de la rédaction, concise, précise et élégante. Ses travaux ont marqué des branches entières de l'algèbre et de la géométrie actuelles et sont constamment utilisés. Citons *Faisceaux algébriques cohérents* de 1955 où il introduit des méthodes cohomologiques en géométrie algébrique, et *Géométrie algébrique et géométrie analytique*, de 1956, connu par ses initiales : GAGA, ceux de théorie des nombres, sur les courbes elliptiques, etc, et jetant des ponts entre deux parties des mathématiques. Comment en donner une idée plus précise ?

Serre a été le premier lauréat du Prix Abel en 2003 pour *son rôle central dans l'élaboration de la forme moderne de nombreux domaines des mathématiques, notamment la topologie, la géométrie algébrique et la théorie des nombres*. Serre aime aussi le ping-pong, les escalades dans la forêt de Fontainebleau, le ski.

Jacques-Louis Lions (1928-2001)

Résistant à 15 ans, normalien à 19, élève de Laurent Schwartz, professeur à Nancy, puis Paris, il se tourne vers le domaine des mathématiques appliquées[13]. Lions avait des capacités de travail exceptionnelles. Infatigable, il a parcouru le monde entier, diffusant des travaux, rapprochant des chercheurs, etc. Au fil des ans, il forme une cinquantaine d'élèves (*les lionceaux*) qu'il pilote de très près pour faire avancer la recherche, organiser des équipes, aborder des sujets nouveaux. Il est professeur d'analyse numérique à l'École polytechnique à partir de 1966, au Collège de France à partir de 1973. Ses compétences le conduisent à diriger ou faire partie de différents organismes comme le CNES (Centre national d'études spatiales), la Météorologie nationale, France Télécom, Péchiney, Dassault Aviation, etc.

Lions crée, en 1969, un laboratoire de mathématiques appliquées qui est devenu aujourd'hui un des plus grands laboratoires du monde, comptant plus de 160 enseignants-chercheurs et s'occupant aussi bien de mécanique ou de physique que de problèmes de biologie ou de finances.

La création, en 1967, de l'IRIA, Institut de recherche en informatique et en automatique, cherchait à placer la France dans le peloton de tête des recherches en informatique et automatique. L'un des grands projets des années 1970 est le projet Cyclades, dirigé par Louis Pouzin. Travaillant sur les échanges entre ordinateurs en collaboration avec l'équipe américaine d'Arpanet (Vinton Cerf...), Pouzin conçoit le transport de données par envoi de paquets étiquetés indépendants les uns des autres et remis ensemble dans le bon ordre à l'arrivée. Ce sont les idées de base du futur internet, que reprennent les responsables d'Arpanet, mais, en France, les ingénieurs des Postes et Télécommunications les écartent pour d'autres, qui conduiront au Minitel (avec l'échec final qu'on sait). Le projet Cyclades, qui aurait pu changer l'avenir de la France, est abandonné. C'est alors que Lions impose au ministère la transformation de l'IRIA en INRIA (le N pour : national) qu'il dirige de 1980 à 1984, lui donnant des structures efficaces qu'elle a conservées depuis, accomplissant un travail dont il était très fier.

Les travaux de Lions ont porté sur l'analyse numérique des EDP. Au XXe siècle, les EDP apparaissent dans les problèmes de mécanique des fluides (visqueux ou non, compressibles ou non), de résistance des matériaux, d'électromagnétisme, de physique quantique, de neutronique ; elles modélisent les pressions subies par la fusée Ariane au décollage, les problèmes de cavitation qui rendent les sous-marins en déplacement perceptibles à l'ennemi, etc. Pour avoir une idée de leurs solutions, on discrétise le problème pour se ramener à des calculs dans des espaces de dimension finie. Jusque vers les années 1950-60, les calculs devaient être faits à la main... L'apparition des premiers ordinateurs bouleverse les méthodes d'approximation.

La méthode des éléments finis est l'objet d'un très grand nombre de travaux. Il s'agit de préciser les conditions d'existence de solutions, d'écrire et d'étudier les algorithmes permettant de les obtenir, de s'attaquer aux problèmes de perturbations, de la théorie du contrôle, etc.[14]. Les livres écrits par Lions (il écrivait très vite) et ses collaborateurs dans les années 1960-70 sont devenus des classiques. Avec Robert Dautray (1928-2023), qui connaît particulièrement les problèmes de physique liés à l'énergie atomique (il a, par exemple, dirigé la construction de la bombe H française en 1967-68), il engage un énorme travail pour donner un exposé systématique, une sorte de Bible de près de 4000 pages publiée en 1984-85, des méthodes mathématiques dont les physiciens des domaines en pointe ont besoin : *Analyse mathématique et calcul numérique pour les sciences et les techniques*.

Lions recherchait le contact avec le monde industriel et conservait le contact avec ceux de ses élèves qui y entraient. Par exemple, une équipe de ses élèves travaille sur la modélisation des appareils chez Dassault ; ils réussissent à calculer entièrement un avion par l'analyse numérique en 1978 : c'est une première mondiale.

Lions s'est aussi beaucoup intéressé à la climatologie et aux problèmes de modélisation et de simulation numériques qu'elle pose (*El Planeta Tierra*, 1990). Enfin, c'est lui qui lance l'idée, en 1992, en tant que président de l'Union mathématique internationale, de faire de l'année 2000 l'année des mathématiques, pour toucher le grand public et encourager la recherche mathématique dans les pays en voie de développement.

Paul Erdös (1913-1996)

Paul Erdös occupe une place à part. Né à Budapest, balloté, ainsi que sa famille, par les conflits mondiaux jusqu'au début des années 1960 (guerre de 14-18, régime fasciste et antisémite en Hongrie entre 1920 et 1944, guerre de 40-45, interdiction stupide d'entrer aux États-Unis pendant dix ans...), il finit à 50 ans par adopter un style de vie unique, allant d'une université à une autre avec juste une petite valise, donnant des conférences, travaillant nuit et jour, logeant chez des amis, écrivant des articles en collaboration, offrant ce qu'il gagnait à ceux qui résolvaient ses problèmes, retournant voir sa mère en Hongrie régulièrement. Il adorait s'attaquer à des problèmes difficiles et d'énoncés élémentaires de théorie des nombres ou de combinatoire, cherchant à en donner une solution élégante. Donnons l'exemple d'un problème posé en 1946 demandant d'évaluer le nombre minimum de distances différentes entre n points distincts placés dans un plan ; après de multiples travaux, la borne $Cn/\ln n$ a été justifiée en 2010.

Erdös compte environ 1 500 publications, comparable seulement à Euler. Quelqu'un qui a écrit un article avec lui a le nombre d'Erdös 1 (environ 500 personnes), quelqu'un qui a écrit un article avec quelqu'un ayant le nombre d'Erdös 1 a le nombre d'Erdös 2, etc. La théorie des graphes permet de montrer qu'avec des hypothèses raisonnables, en remplaçant le fait d'avoir écrit un article en commun avec Erdös par le simple fait de connaître une personne, nous sommes presque toujours éloignés de 6 ou moins de nos contemporains (par exemple, je suis à distance au plus 3 de Offenbach,

Victor Hugo, Poincaré et Lénine...). Dans les situations analogues sur internet, l'éloignement maximal est bien inférieur à 6.

Paul Erdös aurait pu être médaille Fields en 1950, avec sa démonstration élémentaire du théorème des nombres premiers (voir p. 193) sans utilisation de l'analyse complexe, mais il avait travaillé avec Atle Selberg (1917-2007) et c'est ce dernier qui l'obtint. Il a reçu le prix Wolf (1983), et bien d'autres. Avec lui, à la fin de sa vie, Martin Aigner et Günter Ziegler ont conçu le livre *Proofs from the BOOK*. Erdös pensait que Dieu avait un Grand Livre dans lequel il notait les plus belles démonstrations de chaque théorème ; le livre présente plus d'une trentaine de théorèmes avec des démonstrations qui doivent figurer dans le *BOOK*. Le livre est paru en 1998, deux ans après la mort d'Erdös ; il a été traduit en français sous le titre, très bien trouvé : *Raisonnements divins*, chez Springer.

12
Mathématiques récentes

Nous entrons dans une période où les cours, les séminaires et les colloques de mathématiques sont filmés ; un certain nombre de ces enregistrements sont disponibles sur internet et on peut voir et écouter les mathématicien(ne)s expliquer leur science, leurs recherches ou, parfois, donner un exposé historique sur tel ou tel grand thème de l'histoire des mathématiques.
Et puis, le nombre de mathématicien(ne)s croît sans cesse, le nombre de personnes vraiment très fortes et inventives croît aussi, et le nombre de belles mathématiques, de découvertes dans des domaines très variés, croît également ! Il est impossible de parler de tous les domaines des mathématiques actuelles. J'ai choisi quelques mathématiciens français, d'autres non, quelques mathématiciens aux travaux très théoriques et d'autre s'attaquant à des sujets dont je peux donner une petite idée. Les manques sont donc immenses.

John Conway (1937-2020)

Les domaines de recherche de John Conway ont été variés. Il s'intéresse d'abord à l'empilement des sphères en dimension 24 (voir p. 250) et aux nœuds.

Un nœud est le résultat du déploiement d'une ficelle dans l'espace en l'emmêlant comme on veut et en réunissant les deux extrémités à la fin. Pour décrire un nœud, on le dessine posé sur un plan en indiquant pour chaque croisement quel brin est au-dessus, quel brin est au-dessous. En déplaçant les brins d'un nœud, on obtient diverses représentations du même nœud sur le plan ; on dit qu'elles sont équivalentes. Le problème inverse : considérant deux dessins de nœuds, déterminer s'ils sont équivalents ou non est extrêmement difficile. Les résultats qu'obtient Conway en 1969 : associer des polynmes à des nœuds permet de distinguer certains nœuds non équivalents, mais pas tous. Il prépare le terrain aux résultats de Vaughan Jones (1952-2020) en 1984, pour lesquels celui-ci reçoit la médaille Fields en 1990. La théorie des nœuds a de multiples applications.

La notion de groupe a été introduite par Galois (voir p. 154). Au fil du XXe siècle, la recherche de tous les groupes finis simples (qui sont comme les briques avec lesquelles on peut fabriquer tous les groupes finis) s'est imposée, et de nombreux mathématiciens s'y sont attachés. Certains groupes finis forment des familles infinies (il y en a 18), comme les groupes cycliques engendrés par un élément, les groupes de permutation des ensembles finis, des groupes de la géométrie, etc.

Mais certains groupes sont à part : les groupes simples dits *sporadiques*. On les a découverts un à un à partir de 1955. La liste a été considérée comme complète en 1983 : il y en a 26. C'est un monument des mathématiques : plus de 100 mathématiciens ont participé à ce travail, et l'ensemble des articles détaillant la démonstration fait plus de 10 000 pages ! Il est possible qu'il y reste encore quelques erreurs, et des travaux de réécriture de la démonstration ont été poursuivis. Conway a été l'un des acteurs clés de ce travail ; il a découvert trois des groupes sporadiques et a réuni (avec cinq collègues) dans un atlas de 252 pages de nombreuses données sur chacun d'entre eux. Le groupe appelé « Le Monstre » a plus de 8 suivi de 53 zéros (8×10^{53}) éléments avec de petits facteurs premiers (71 est le plus grand) ! Un élève de Conway, Richard Borcherds (né en 1959) obtient la médaille Fields en 1988 en établissant des liens inattendus entre ce groupe et des objets de la théorie des nombres.

Conway était passionné par les jeux mathématiques. Il a écrit (avec deux collègues) deux volumes (1 300 pages) sur le sujet. En 1970, il invente sur un goban le jeu de la vie (reprenant des idées de John Von Neumann) : des ensembles de cases noires (appelées *cellules*) d'un quadrillage infini se transforment étape par étape en suivant des règles simples. Le résultat est prodigieux ; *Le jeu de la vie est un modèle simplifié abstrait de l'univers dont la connaissance et la maîtrise enrichissent notre compréhension générale du monde dans sa totalité*, a dit Jean-Paul Delahaye.

Enfin, Conway a été professeur de 1987 à 2013 au prestigieux IAS (Institute for Advanced Study) de Princeton, dans la chaire de Von Neumann, et fut un enthousiaste formateur de jeunes aux mathématiques.

Conway a été parmi les premières victimes du covid.

Alain Connes (né en 1947)

Certains mathématicien(ne)s ont un esprit d'une grande rapidité, comprenant tout instantanément. Alain Connes dit ne pas être de ceux-là ; il n'est pas le premier arrivé au pied du mur, mais il a des qualités que d'autres n'ont pas pour le franchir. Le sujet de la thèse de Connes est la classification d'algèbres d'opérateurs introduites par Von Neumann (voir p. 202) qu'on sait jouer un rôle essentiel en mécanique quantique. Connes obtient des résultats impressionnants sur ces objets, en les décrivant avec des techniques qu'il invente. Tout cela intéresse beaucoup les physiciens théoriciens. Connes est nommé professeur à l'IHES en 1979, obtient la médaille Fields en 1982-83, est membre de l'Académie des sciences en 1983, professeur au Collège de France en 1984. Ses multiples livres et articles mettent en place toute une série de résultats dans le cadre de ce qu'il appelle la *Géométrie non commutative*, où s'expriment naturellement les problèmes de la mécanique quantique (quand on ne peut mesurer simultanément deux quantités, c'est qu'elles ne commutent pas), ce que la géométrie ordinaire ne permet pas (Connes remarque que cette dernière ne donne pas, par exemple, les résultats corrects pour les fréquences des raies des spectres des atomes alors que sa géométrie oui). Connes retrouve les idées de symétrie qu'avait décrites Galois et les travaux de Grothendieck. Parmi tous les sujets étudiés par Connes, figure le *groupe cosmique*, merveilleusement nommé par Pierre Cartier, qui donnerait plein d'informations sur tous les nombres intéressants des mathématiques à la manière de la théorie de Galois. Des connexions entre les nombres premiers et différentes constantes encore inconnues de la physique pourraient aussi se révéler. Les idées et les résultats de Connes ont été le point de départ de nombreux travaux entre mathématiques et physique théorique. Ce sont plusieurs centaines de chercheur(se)s qui travaillent actuellement sur ces sujets.

Connes a aussi expliqué (en 2002) de façon profonde les calculs dits de *renormalisation* où les physiciens avaient réussi, pendant plus de 60 ans, à retrouver, au prix de manipulations acrobatiques de calculs où apparaissaient des quantités infinies, les valeurs finies qu'ils souhaitaient obtenir (une escroquerie, disait Feynmann, 1918-1988). En 2012, la découverte du boson de Higgs avec une masse de 126 GeV s'est trouvée compatible avec la dernière valeur donnée par les théories de Connes. Et si tout ceci aboutissait à une grande théorie unifiée décrivant tous les phénomènes connus, synthétisant les différentes théories actuelles, la relativité générale et la théorie standard, expliquant bien les premiers instants de l'Univers actuel et, de surcroît, rêvons un peu, extraordinairement simple. Répétons que travailler pour la connaissance et la compréhension profonde de notre monde est essentiel, même si c'est peut-être sans applications *immédiates*.

William Thurston (1946-2012)

Thurston est décidé dès l'âge de 8 ans à devenir mathématicien. À 21 ans, il part travailler en Californie, à Berkeley, avec, notamment, Stephen Smale, Médaille Fields 1966. Il fait un séjour de quelques mois à l'université de Dijon.

Au début des années 1970, Thurston étudie les feuilletages introduits par Georges Reeb (1920-1993) en 1948 et qui sont très utiles en géométrie différentielle : pour se faire une image de feuillettage, on peut penser à un objet de l'espace décomposé en feuilles comme une pâte feuilletée. De 1971 à 1976, Thurston publie une dizaine de papiers qui révolutionnent le sujet et l'épuisent un peu...

Thurston se tourne alors vers la géométrie des variétés de dimension 3[1]. Il généralise le théorème d'uniformisation (voir p. 183), en 1976, avec une très belle conjecture, dite de *géométrisation* : les variétés de dimension 3 (voir p. 167), avec des propriétés minimales, seraient toutes, en un certain sens, découpables par des tores en morceaux dont la géométrie ne pourrait avoir que huit types différents (une géométrie est celle de la sphère de dimension 3, d'équation $x^2 + y^2 + z^2 + t^2 = 1$ dans l'espace de dimension 4, une autre est la géométrie hyperbolique, les autres sont... les géométries de Thurston). Thurston reçoit la médaille Fields en 1982-83.

On raconte que Thurston achetait au marché de Sacramento en Californie des légumes et des fruits de toutes formes, des feuilles de moutarde avec leurs replis, etc. pour expliquer à ses étudiant(e)s la géométrie des surfaces ; il voulait développer leur intuition, disant que le formalisme mathématique venait après.

La résolution de la conjecture de Poincaré

La conjecture de Poincaré (voir p. 183) a orienté le XXe siècle vers l'étude des variétés ; plusieurs médailles Fields ont récompensé des travaux sur ces sujets, comme celle reçue par Stephen Smale (né en 1930), en 1966, pour avoir montré la conjecture pour $n \geqslant 5$ et celle reçue par Michael Freedman (né en 1951), en 1986, pour avoir montré la conjecture pour $n = 4$. Le cas original, celui de $n = 3$, résistait. Thurston a fait une partie considérable du travail de démonstration de sa conjecture de géométrisation. Richard Hamilton (né en 1943) en a fait une autre. C'est Perelman qui termine, au terme d'un long travail solitaire plein d'idées nouvelles, à Saint-Pétersbourg, la démonstration (voir p. 235). Son résultat implique la conjecture de Poincaré pour $n = 3$, la question initiale de Poincaré.

Jean-Christophe Yoccoz (1957-2016)

Jean-Christophe Yoccoz est un normalien très brillant, premier partout, d'une pensée très rapide, capable de conduire des calculs extrêmement longs et subtils, de véritables *tours de force*... En 1981, coopérant au Brésil, il noue avec ce pays, avec ses mathématiciens, des liens d'amitié et de travail très forts et il s'y marie.

Ce ne sont pas les grandes théories qui suscitent son intérêt, mais de beaux problèmes difficiles. Yoccoz a profondément renouvelé l'étude des systèmes dynamiques initiée par Poincaré (voir p. 180), systèmes qui peuvent décrire le mouvement des planètes, autour du Soleil comme on l'a dit, mais aussi bien d'autres phénomènes, physiques, biologiques, dans le long terme. Poincaré avait étudié un système dynamique particulier, appliquant aux points d'un cercle un *très grand* nombre de fois la même application f. Il supposait que f faisait tourner les points du cercle tous dans le même sens (plus précisément que f était bijective et dérivable ainsi que son inverse, comme une planète tournant autour d'une étoile). L'application f faisait plus tourner certains points que d'autres, et Poincaré définissait un nombre a lié à f, appelé l'angle de rotation de f, qui est l'angle moyen dont un point et ses images tournent par l'action de f. Que se passe-t-il quand on répète un grand nombre de fois l'application f ? Obtient-on une application proche d'un comportement régulier, d'une rotation, ou proche d'un comportement chaotique où l'on ne peut faire aucune prévision, le comportement étant extrêmement sensible aux variations des conditions de départ ? Le problème avait déjà été étudié, mais Yoccoz a apporté une réponse complète en montrant comment cela dépend de propriétés fines de la valeur a. Par la suite, Yoccoz a étudié bien d'autres situations plus complexes, obtenant de beaux résultats très difficiles, comme des propriétés de l'ensemble de Mandelbrot (il invente pour cela ce qu'on appelle les puzzles de Yoccoz), les dynamiques en dimension plus grande que 1 appelées en fer à cheval, la dynamique des échanges d'intervalles, un sujet de formulation très simple, qui fait appel à des mathématiques très variées et dont les applications sont multiples.

Yoccoz a été membre de l'Académie des sciences en 1994, de l'Academia Brasileira de Ciencias en 1995 et, en 1996, professeur au Collège de France dans la chaire *Équations différentielles et systèmes dynamiques*.

Il disait : *Je suis incapable de décrire les applications éventuelles de mes recherches à des domaines précis ni de prévoir de quelle manière, dans dix ans, mes résultats auront été utilisés. Mais il existe peu de domaines des mathématiques qui, à un moment ou un autre, ne soient applicables.* Déjà malade, il déclarait en 2014 : *Pour moi, le plus important, c'est le plaisir que je prends à faire des mathématiques. Un plaisir esthétique proche de celui ressenti par un artiste qui crée une œuvre. Ce sentiment a toujours été le moteur de mon travail et il ne m'a jamais quitté.*

Wendelin Werner (né en 1968)

Wendelin Werner est né en Allemagne ; il est naturalisé français à l'âge de 9 ans. C'est le premier probabiliste à recevoir la médaille Fields. Cette médaille est l'un des signes de la place croissante des probabilités dans les mathématiques actuelles. Elles sont essentielles dans l'étude des marches aléatoires, dans l'étude des problèmes de percolation (voir p. 252), dans les mathématiques de la finance (voir p. 262 et suivantes). Elles sont également essentielles dans les statistiques, par exemple quand il s'agit de prendre une décision automatique en imagerie médicale, ou encore quand on évalue les risques d'accidents dans les installations industrielles, l'évolution de populations, la propagation d'épidémies, etc.

En 2009, Wendelin Werner publie une lettre de défense de la recherche et des mathématiques adressée au président Sarkozy ; il lui explique quel rôle fondamental pourraient jouer les mathématiques dans notre société. Wendelin Werner est membre de l'Académie des sciences et est actuellement professeur à Zürich.

Parmi les résultats difficiles de Werner couronnés par la médaille Fields, voici un problème d'énoncé très simple. Deux particules se déplacent de manière aléatoire sur le réseau des points à coordonnées entières du plan (voir figure). Elles partent de l'origine et, à chaque instant entier strictement positif, elles sautent en l'un des quatre plus proches voisins du point occupé précédemment, avec la même probabilité 1/4 pour chacune des possibilités. Que peut-on dire de la probabilité qu'elles ne se rencontrent pas entre l'instant 0 et l'instant n ? Werner montre que cette probabilité est, pour n grand, de l'ordre de $1/n$ à la puissance 5/8 (à une constante près) ; cette condition montre que la probabilité que les deux particules ne se rencontrent pas tend donc vers 0, et le travail de Werner montre comment elle le fait. Des physiciens avaient conjecturé cette valeur, mais la démonstration de Werner fait appel à de nouveaux outils.

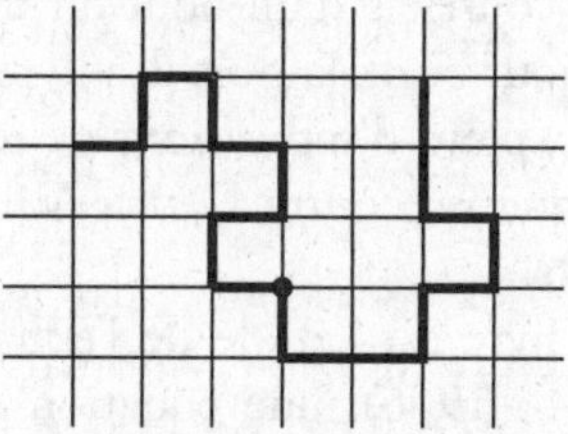

Figure 12.1. Débuts sans intersection de deux chemins de même origine (le point marqué).

Les travaux de Werner sont utiles dans bien d'autres domaines, l'étude des polymères et leurs transitions de phase, l'étude du mouvement brownien, etc.[2]

Cédric Villani (né en 1973)

Cédric Villani adore le contact, parler des mathématiques et les enseigner. Quand il obtient la médaille Fields, il se fait rapidement connaître du grand public, est invité régulièrement par les radios et télévisions, improvisant (et s'amusant) brillamment. Son engagement dans la vie sociale et politique est multiple, dans le domaine de l'éducation, de l'insertion de jeunes handicapés, etc. ; il est probable que vous le connaissez.

Villani raconte dans un livre au beau titre : *Théorème vivant*, en 2012, les deux ans de travail, en 2008 et 2009, qui l'ont conduit, avec son ancien élève Clément Mouhot (né en 1978) aux résultats qui lui ont valu la médaille Fields. Le livre décrit un travail acharné, les deux auteurs échangeant par courriels d'un bout du monde à l'autre à toute heure du jour et de la nuit. Le livre est passionnant de bout en bout, plein d'indications de toutes sortes liées aux personnes que rencontre Cédric Villani au cours de ses déplacements.

Le sujet du livre est l'étude de l'équation de Ludwig Boltzmann (1844-1906), une équation qui a fait l'objet de nombreux travaux et qui modélise l'évolution d'un gaz *raréfié* (sinon, le nombre de collisions est trop important) vers le désordre maximal (son *entropie* augmentant), entre la géométrie et les probabilités. Cédric Villani connaît cette équation mieux que personne et a même dit que c'était la plus belle équation du monde ; contemplons une seconde juste son premier membre (le second membre traduit les collisions) :

$$\frac{\partial f}{\partial t} + v.\nabla_x f = \dots$$

Le problème est de montrer que les solutions sont *régulières*, ce que Villani et Mouhot parviennent à établir au terme du livre. Villani définit le moment de sa découverte comme un moment où des idées nouvelles se bousculent au réveil et qu'il vérifie, presque stupéfait que *ça marche*, après avoir accompagné ses enfants à l'école.

Parmi d'autres domaines abordés par Cédric Villani, citons le transport optimal, un sujet qui remonte à Monge (voir p. 125) et sur lequel Villani a écrit un livre de près de 1 000 pages de belles mathématiques : depuis les années

1940, on a pu appliquer des résultats sur le transport optimal à des problèmes très différents (mathématiques ou pratiques, comme des modifications d'images).

De 2009 à 2017, Cédric Villani a dirigé l'IHP, l'Institut Henri Poincaré, une célèbre institution créée en 1928 et tournée vers les mathématiques et la physique théorique, rue d'Ulm à Paris.

Manjul Bhargava (né en 1974)

Manjul Bhargava est né au Canada ; il a fait ses études à Harvard et Princeton. C'est un élève d'Andrew Wiles ; il soutient sa thèse en 2001. Il est fils d'une mathématicienne et d'un chimiste. Vers deux-trois ans, Manjul Bhargava aimait multiplier de grands nombres. Ses racines sont en Inde (Jaipur au Rajasthan). En famille, il parle hindi ; il a travaillé le sanscrit avec son grand-père ; c'est un grand joueur de tabla (il a eu, entre autres, le célèbre Zakir Hussain comme professeur).

Les résultats de Manjul Bhagarva en théorie des nombres, qui lui ont valu la médaille Fields en 2014, sont spectaculaires. Voici un exemple facile à décrire. Pour a, b, c, d entiers, notons $[a, b, c, d]$ la forme quadratique définie par $q(x, y, z, t) = ax^2 + by^2 + cz^2 + dt^2$; on dit qu'elle est universelle si elle prend toutes les valeurs entières quand x, y, z, t sont entiers. On sait depuis Lagrange (voir p. 121) que la forme quadratique $[1, 1, 1, 1]$ est universelle. Ramanujan avait indiqué en 1916 une liste d'une cinquantaine de choix, quasiment sans erreur, de a, b, c, d tels que $[a, b, c, d]$ soit universelle. John Conway, en 1993, a découvert qu'une forme $[a, b, c, d]$ était universelle dès qu'elle prenait les valeurs entières de 1 à 15, un résultat miraculeux. Manjul Bhagarva a donné une démonstration lumineuse de ce résultat. Ainsi, il suffit de vérifier qu'on peut obtenir les entiers de 1 à 15 sous la forme $x^2 + 2y^2 + 4z^2 + 13t^2$ pour être sûr que tout entier s'écrit sous cette forme ! Pour savoir si une forme n'est pas universelle, il suffit de voir qu'elle ne représente pas un des entiers de 1 à 15. Et Bhagarva a trouvé bien d'autres choses ; par exemple, en manipulant un cube de Rubik (Ernö Rubik, né en 1944), il a eu l'idée d'une nouvelle présentation de la fameuse loi de composition des formes quadratiques de Gauss et en a tiré des généralisations magnifiques.

Terence Tao (né en 1975)

Terence Tao est né en Australie. Il a obtenu la médaille Fields en 2006. C'était un enfant exceptionnellement précoce, absorbant les mathématiques des niveaux supérieurs dès son plus jeune âge. Il reçoit une médaille de bronze aux Olympiades de mathématiques à l'âge de 11 ans, une médaille d'argent à 12 ans et une médaille d'or à 13 ans (personne n'a jamais fait aussi bien !). Un de ses résultats célèbres est la démonstration (avec Ben Green, né en 1977) qu'il existe des suites arithmétiques de nombres premiers (par exemple : $(3, 5, 7)$, $(7, 37, 67, 97, 127, 157)$ de longueur aussi grande qu'on veut. Il est un grand animateur de la recherche mathématique actuelle. Son blog regorge d'informations mathématiques et est très suivi. Il a organisé, depuis

2009, avec Timothy Gowers (médaille Fields 1998, né en 1963), des plates-formes appelées Polymath n ($n = 16$ en 2023), créées pour discuter à plusieurs en ligne de la résolution de problèmes difficiles[3].

La conjecture de discrépance (un mot rare proche de dissonance) d'Erdös date des années 1930. Son énoncé est d'une grande simplicité. On considère une suite finie s de n nombres composée uniquement de 1 et de -1 (par exemple, $n = 12$ et $s = 1, -1, -1, 1, -1, 1, 1, -1, -1, 1, 1$. On forme les valeurs absolues des sommes s_1, s_2, s_3, etc. des nombres de cette suite en commençant par le premier et en prenant les termes de 1 en 1, par le second et en comptant les termes de 2 en 2, etc. Pour la suite précédente : $s_1 = 1, s_2 = 1, s_3 = -1$. On ne peut choisir de douzième terme pour s sans que la discrépance ne passe à 2. On a montré en 2014 au terme d'un calcul immense sur ordinateur (un record de longueur !) qu'on ne pouvait trouver de suite de 1 161 termes de discrépance strictement inférieure à 3. Mais Tao a fait mieux que la machine : il a montré en 2015 que la discrépance des suites finies n'était pas bornée, c'était la conjecture d'Erdös.

Dans les années 1930, Lothar Collatz énonce une conjecture connue aujourd'hui sous différents noms : Collatz, Syracuse, Ulam, $3x + 1$... Son énoncé est encore plus simple que le précédent : quel que soit l'entier de départ, la suite dont les termes sont $n/2$ si le terme précédent est pair, $3n+1$ si le terme précédent est impair, va toujours arriver à parcourir le cycle 1, 4, 2, 1 en boucle. La vérification est facile pour de petites valeurs de n ; par exemple, si $n = 5$, la suite est 5, 16, 8, 4, 2, 1 ; si $n = 7$, la suite est 7, 22, 11, 34, 17, 52, 26, 13, 40, 20, 10, 5, et ça marche. Pour de plus grande valeurs de n, il arrive parfois que la suite prenne de grandes valeurs avant de revenir à 1 (essayez avec $n = 27$, par exemple), mais elle y revient toujours, comme on l'a vérifié jusqu'à des entiers ayant 20 chiffres. Pendant longtemps, presque rien n'a été trouvé pour montrer que la propriété est vraie pour tout entier donné. Le 8 septembre 2019, Tao a soumis un texte de 58 pages qui constituait une énorme avancée dans la résolution du problème, mais il concluait que ses idées ne pouvaient sans doute pas mener à une solution compète de la conjecture. *Les mathématiques ne sont pas encore prêtes pour de tels problèmes*, disait Paul Erdös.

Dans toutes ces démonstrations, Tao se montre d'une inventivité et d'une virtuosité extraordinaires. Tao est peut-être actuellement le mathématicien intervenant dans le plus grand nombre de domaines des mathématiques.

Maryam Mirzakhani (1977-2017)

Maryam Mirzakhani est la première femme ayant obtenu la médaille Fields (en 2014). Sur Internet, on trouve quelques photos d'enfance ; on la voit aussi avec ses parents, avec sa fille et son mari, lui aussi mathématicien. On peut aussi voir et entendre Maryam Mirzakhani parler, répondre à des questions, écrire sur des rouleaux de papier immenses ou sur un banc dans un parc. Elle dessine ce qu'elle se représente dans son esprit, de jolies figures (toujours les mêmes, dit son mari...).

Enfant, Maryam Mirzakhani ne pensait pas trop aux mathématiques. Elle rêvait de voyages, pensait devenir écrivain, lisait des biographies comme celles de Marie Curie ou de Van Gogh.

La fin de la guerre avec l'Irak (peut-être un million de morts pour l'Iran) survient alors qu'elle a 10 ans. Elle réussit les tests d'entrée à l'école Farzanegan, une école pour filles de Téhéran administrée par une organisation iranienne pour le développement de talents exceptionnels. Elle s'y lie immédiatement d'amitié avec une autre jeune fille de son âge, pleine aussi de talents mathématiques, Roya Behesti (né en 1977), aujourd'hui professeur à l'université Washington de St Louis (Missouri). Les livres ne sont pas chers et elles peuvent en acheter facilement dans les rues autour de leur école.

Quelques années plus tard, les deux jeunes filles s'aperçoivent qu'elles réussissent à résoudre des problèmes de sélection aux Olympiades internationales d'informatique. Elles demandent à leur principale la possibilité de préparer les Olympiades internationales de mathématiques, alors qu'aucune fille n'a jamais préparé ces olympiades en Iran. Avec le soutien sans faille de cette principale, elles y parviennent. En 1994, Maryam obtient une médaille d'or ; l'année suivante, elle a un score parfait. Elle éprouve pleinement la beauté des mathématiques.

Maryam Mirzakhani commence ses études universitaires à l'université Sharif de Téhéran, puis, en 1999, part à Harvard pour un troisième cycle. Elle commence à suivre le séminaire de Curtis Mc Mullen, médaille Fields 1998 (né en 1958). D'abord, elle dit ne rien avoir compris aux exposés ; mais la géométrie hyperbolique (voir p. 161) la fascine et elle est sans cesse à questionner Curtis Mc Cullen, à lui proposer ses propres visions des objets manipulés ; elle le choisit comme directeur de thèse. Elle dit de la recherche : *C'est comme si vous étiez perdu dans une forêt, et que vous tentiez de vous frayer un chemin de sortie en mobilisant toutes vos connaissances avec de nouvelles astuces et un peu de chance.*

En 2004, la thèse de Maryam Mirzakhani contient deux résultats extraordinaires. D'abord (sans chercher à expliquer) une estimation que personne n'avait prévue du nombre $N(X, L)$ de géodésiques de longueur au plus L d'une surface de Riemann X de genre g qui sont fermées et ne se recoupent pas :

$$N(X, L) \sim_{L\to\infty} C(X)L^{6g-6}.$$

Ensuite (toujours sans chercher à expliquer) une seconde démonstration d'une conjecture formulée par Edward Witten (médaille Fields 1990) en 1991 ; Maxim Kontsevitch (né en 1964) devait sa médaille Fields de 1998 en partie à la démonstration de cette conjecture, considérée très difficile.

En 2008, Maryam Mirzakhani obtient un poste de professeur permanent à l'université de Stanford en Californie.

Maryam Mirzakhani s'est intéressée à l'étude des systèmes dynamiques, un domaine en plein développement actuellement. Dans un article de la Gazette des Mathématiciens (numéro 142 d'octobre 2014), Anton Zorich (né en 1962) donne une idée du *théorème de la baguette magique* obtenu en 2013 par Maryam Mirzakhani avec Alex Eskin (né en 1965), un *travail gigantesque de plusieurs années* (l'article comporte 172 pages). *Le théorème prouvé par Alex Eskin et Maryam Mirzakhani est si beau et si puissant*, écrit Anton Zorich, *que, personnellement, je n'ai aucun doute qu'il trouvera de nombreuses applications, bien au-delà de notre imagination actuelle*[4].

Notons qu'il n'est pas simple pour l'Iran de voir une de ses ressortissantes obtenir une grande distinction, certains la félicitant chaleureusement, d'autres l'ignorant ou publiant sa photo, pour des raisons religieuses, devant un tableau noir ou en y ajoutant un foulard, pour masquer ses cheveux.

En juillet 2017, nous avons tous ressenti douloureusement la disparition de Maryam (une récidive d'un cancer du sein). Comme toujours, nous pouvons dire que tous ces résultats merveilleux qu'elle a découverts sont désormais à la disposition de ceux et celles qui lui succèdent.

Le programme de Robert Langlands (né en 1936)

En 1940, André Weil, en prison à Rouen, explique les thèmes de ses travaux à sa sœur Simone dans une lettre splendide : *Mon travail consiste un peu à déchiffrer un texte trilingue ; de chacune des trois colonnes, je n'ai que des fragments assez décousus, j'ai quelques notions sur chacune des trois langues ; mais je sais aussi qu'il y a de grandes différences de sens d'une colonne à l'autre, et dont rien ne m'avertit à l'avance. Depuis quelques années que j'y travaille, j'ai des bouts de dictionnaire. Quelquefois, c'est sur une colonne que je fais porter mes efforts, quelquefois sur l'autre.*

Les colonnes évoquées par Weil sont la théorie des nombres, les courbes sur les corps finis et les surfaces de Riemann. Weil les imagine sur une pierre de Rosette. Les objets de ces différentes colonnes sont définis par des équations entre nombres entiers, entre éléments des corps finis, entre nombres complexes.

En janvier 1967, Robert Langlands écrit à André Weil pour lui expliquer les liens qu'il pressentait entre les deux premières colonnes. Ils reliaient des groupes de Galois à des fonctions dites *automorphes*.

Weil envoya des copies de la lettre et la diffusa. Des mathématiciens commencèrent à travailler sur les problèmes qui y étaient posés. Les travaux sur le programme envisagé par Langlands devinrent ce que l'on connaît aujourd'hui sous le nom de programme de Langlands. Langlands contribua lui-même à la construction de ponts entre les deux premières colonnes. Les liens avec la troisième colonne furent conçus dans les années 1980 par Vladimir Drinfeld (né en 1954, médaille Fields 1990). Il géométrisa la conjecture et utilisa les travaux de Grothendieck des années 1960. Le programme de Langlands a continué à se développer avec les travaux de centaines de mathématiciens. Des correspondances se mettaient en place, difficiles à établir. Une grande unification était en route. Et puis une quatrième colonne fut ajoutée à l'édifice, une partie de la mécanique quantique, avec un nouveau réseau de correspondances, par Edward Witten (né en 1951, lui aussi médaille Fields 1990) et d'autres.

Edward Frenkel (né en 1968, auteur d'un livre de vulgarisation passionnant sur ce sujet) exposa ces nouvelles avancées au séminaire Bourbaki en 2009. Il raconte[5] que Serre lui dit à la fin de son exposé : *J'ai trouvé intéressant que vous regardiez la physique quantique comme la quatrième colonne de la pierre de Rosette de Weil. Vous savez, André*

Weil n'aimait pas particulièrement la physique. Mais je pense que, s'il avait été présent aujourd'hui, il aurait aussi pensé que la physique quantique a un rôle important à jouer dans cette histoire. Weil aurait eu 103 ans en 2009.

Les travaux continuent. Laurent Lafforgue (né en 1966) obtient en 2002 la médaille Fields pour la démonstration de la conjecture pour les corps de fonctions, tandis que Ngo Bao Chau (né en 1972) obtient en 2010 la médaille Fields pour la démonstration d'un petit lemme (qu'on appelle le *lemme fondamental*) qui bloquait tout le monde : il lui faut pour cela pas moins de 400 pages !

En 2021, au prix de constructions audacieuses d'objets algébriques permettant une grande généralité, Peter Scholze, par le biais d'un article de 350 pages avec Laurent Fargues (né en 1975), a obtenu de nouveaux progrès considérés comme fantastiques. Pour eux, il s'agit d'approfondir encore ce que nous savons sur ces objets qui nous paraissent si simples : l'ensemble des entiers et l'ensemble des nombres premiers. Scholze a obtenu trois médailles d'or aux Olympiades de mathématiques et la médaille Fields en 2018. Il est considéré comme l'un des meilleurs mathématiciens du monde aujourd'hui. Pour Scholze, les mathématiques ont commencé avec Grothendieck ; si c'était vrai, mon petit livre serait bien peu épais !

Robert Langlands a été, de 1972 jusqu'à sa retraite, professeur à l'IAS de Princeton ; il y occupe le bureau qui était celui d'Albert Einstein.

Maryna Viazovska (née en 1984)

Maryna Viazovska est née à Kiev en Ukraine, de parents scientifiques. Elle vit actuellement en Suisse, mais une partie de sa famille et de ses amis vit toujours en Ukraine, créant une situation anxiogène pour la mathématicienne, depuis le début de la guerre, en 2022.

Elle soutient sa thèse en 2013, dirigée par Don Zagier (né en 1951 et qui a occupé la chaire de théorie des nombres du Collège de France de 2001 à 2014).

Elle commence à se faire connaître en 2016, avec la publication d'une solution au problème d'empilement de sphères en dimension 8. Ce problème avait été formulé par Kepler en 1611 (voir p. 78) pour la dimension 3, notre espace.

La solution du problème est évidente en dimension 1 : les sphères sont des intervalles de même longueur qu'on place bout à bout sur une droite. En dimension 2, les sphères sont des cercles et la bonne disposition est aussi évidente : on place les cercles dans un réseau de triangles équilatéraux (voir figure ci-dessous). Axel Thue (1863-1922) a montré que c'était effectivement la façon la plus dense possible. Le problème en dimension 3, le problème posé par Kepler, a défié les mathématiciens pendant près de 400 ans, malgré son énoncé particulièrement simple ! C'est Thomas Hales (né en 1958) qui parvint à le résoudre en 1993 au prix de raisonnements difficiles et en ayant un recours important aux calculs sur ordinateurs (voir p. 276).

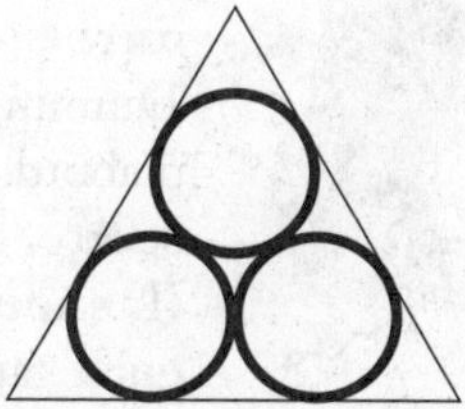

Le problème en dimension supérieure n'avait alors reçu aucune solution. En dimension 8, les choses se présentaient très agréablement en raison de symétries.

Quand Maryna Viazovska publia sa solution, cela faisait 13 ans qu'elle y travaillait. Cette résolution a été possible grâce à des idées novatrices : elle a réussi, en particulier, à construire une fonction spéciale qui est la clé de sa solution. C'est un magnifique tour de force !

Avec quelques collègues, Maryna Viazovska résolut dans les jours qui suivirent le cas de la dimension 24, valeur pour laquelle on connaissait aussi beaucoup de résultats. Tous ceux qui y ont participé se souviennent de ces quelques jours de recherche collective comme d'un moment merveilleux de leur vie.

Maryna Viazovska a obtenu la médaille Fields en 2022. C'est donc la seconde femme à obtenir cette distinction.

Des calculs ont montré que les situations étaient très différentes quand on changeait de dimension. En fait, on n'a même aucune idée, en général, de ce que pourraient être les solutions pour une dimension donnée.

Hugo Duminil-Copin (né en 1985)

Né d'un père professeur de sport et d'une mère danseuse, Hugo Duminil-Copin se sent d'abord attiré par le sport et l'astronomie. Il s'aperçoit en seconde qu'il faut travailler pour avoir de bons résultats en mathématiques et il s'y met avec ardeur, fasciné par leur beauté. C'est en troisième année de l'ENS qu'il découvre la recherche, en particulier à travers les cours de Wendelin Werner (voir p. 238). Celui-ci l'oriente vers Genève pour travailler avec Stanislav Smirnov (né en 1970), médaille Fields 2004. C'est le début d'une série de beaux résultats, souvent en collaboration.

Le thème central de ses recherches est l'étude des phénomènes de percolation, phénomène observé en 1945 par Rosalind Franklin (1920-1958) : un bloc poreux de charbon plongé dans l'eau est-il mouillé au centre ? Autrement dit, les pores du charbon (propriété microscopique) sont-ils suffisamment nombreux pour qu'il y ait un chemin (qu'on pensera sans point double) de l'extérieur vers le centre du morceau de charbon (propriété macroscopique) ? La situation est analogue pour la propagation des feux de forêt, de l'eau traversant les grains moulus de votre café, etc. Les mathématiciens modélisent ces problèmes en prenant une grille infinie à maille carrée dans le plan et cubique dans l'espace (dans le plan, on peut aussi utiliser un réseau à mailles hexagonales) dont certaines arêtes sont bouchées et les autres ouvertes avec une probabilité p et en cherchant la probabilité P qu'il existe un chemin allant d'un point O de la grille à l'infini en ne passant que par des arêtes ouvertes. On a montré qu'il existe une valeur p^c de p, dite *critique*, telle qu'on soit presque sûr qu'il n'existe aucun chemin allant de O à l'infini si $p < p^c$ et qu'on soit presque sûr qu'il en existe un si $p > p^c$. On ne sait pas, dans l'espace, ce qui se passe pour la valeur critique $p = p^c$.

La percolation débouche sur l'étude des transitions de phase pour laquelle Duminil-Copin a aussi obtenu de nombreux résultats.

13

Quelques sujets actuels

Les cinquante dernières années ont connu une explosion des mathématiques bien peu visible pour ceux qui n'y participent pas. Elles sont essentielles pour travailler sur tous les modèles qui sont construits et, sans nul doute, pour toutes les applications militaires qu'on voit en action actuellement. L'Agence pour les mathématiques en interaction avec l'entreprise et la société (AMIES) *évalue à 9 % l'impact des mathématiques sur les emplois en France et à 15 % leur impact sur le PIB. Aux États-Unis, le niveau de la formation mathématique est, dit-on, le premier critère pour les emplois de haut niveau.*

Cryptographie

La théorie des nombres a été développée depuis 4 000 ans, la théorie des corps finis depuis 200 ans. Elles avaient de merveilleux résultats sans avoir vraiment directement d'applications. Il y a une trentaine d'années, les découvertes de Fermat, Euler, Gauss, Galois... sont devenues essentielles en cryptographie, une discipline qui n'en avait jamais eu besoin jusque-là. La cryptographie ancienne consistait à utiliser une ou plusieurs permutations de lettres, des dictionnaires et des tas d'astuces de toutes sortes mais *il est vraiment douteux que l'ingéniosité humaine puisse créer une énigme dont l'ingéniosité humaine ne vienne à bout par une application suffisante*, écrivait Edgar Poe (1809-1849) dans *Le scarabée d'or*[1]. Même s'il n'y avait pas de mathématiques dans le chiffrement, des mathématiciens ont réussi des décryptements difficiles. Je citerai Viète (voir p. 71) et Alan Turing (1912-1954). Le second, un très grand mathématicien dont je ne parlerai pas plus ici, a réussi le tour de force de décrypter les textes chiffrés par un type de machine Enigma pendant la seconde guerre mondiale, ce succès ayant contribué, dans une proportion difficile à déterminer, au succès des forces alliées[2].

We stand today on the brink of a revolution in cryptography ("Nous sommes en ce moment à la veille d'une révolution en cryptographie"), écrivirent Whitffield Diffie (né en 1944) et Martin Hellman (né en 1945) dans leur article de novembre 1976 ; Diffie avait eu une nouvelle idée : rompre la symétrie entre expéditeur et destinataire d'un message. Cette idée devait changer toute la cryptographie, mais il fallut attendre que Ron Rivest (né en 1947), Adi Shamir (né en 1952) et Leonard Adleman (né en 1945) trouvent comment faire pratiquement en créant le système RSA (leurs initiales), en avril 1977, le plus célèbre de la cryptographie actuelle, basé sur la difficulté de retrouver les deux facteurs premiers p et q d'un produit $n = pq$ quand ils sont suffisamment grands, sans savoir que les mathématiciens de l'armée anglaise les avaient devancés, quelques années auparavant, pour le chiffrage des communications entre leurs troupes. La méthode était essentiellement basée sur des résultats publiés par Gauss (voir p. 144) en 1801.

Un exemple construit par Rivest, Shamir et Adleman fut publié par Martin Gardner (1914-2010) dans sa rubrique du numéro d'août 1977 de *Scientific American*. Pour être déchiffré, il fallait décomposer le nombre :

$$n = 114381625757888867669235779976146612010218296721242\\
362562561842935706935245733897830597\\
123563958705058989075147599290026879543541$$

de 129 chiffres, appelé plus tard RSA-129, en un produit de deux nombres premiers p et q de 64 et 65 chiffres. Gardner annonçait que cela prendrait des millions d'années.

L'utilisation du RSA donna d'un seul coup un rôle particulièrement important à la théorie des nombres. Pour le chiffrement, il fallait concevoir des méthodes pour trouver de grands nombres premiers, ce qui fut facile en raffinant le petit théorème de Fermat[3]. Pour le déchiffrement, on a fait quelques progrès pour trouver comment factoriser un produit de deux grands nombres premiers, mais on ne sait toujours pas le faire en général. Par exemple, le problème proposé en 1977 fut résolu 17 ans plus tard, en trouvant :

$$p = 3490529510847650949147849619903898133417764\\
638493387843990820577$$

$$q = 3276913299326670954996198819083446141317764\\
2967992942539798288533$$

Ces réussites partielles font qu'actuellement, pour rendre la méthode RSA vraiment sûre, la taille des nombres utilisés augmente. Une méthode assez analogue, mais utilisant ce qu'on appelle les courbes elliptiques, supplante souvent le RSA. Elle a été proposée indépendamment par Neal Koblitz (né en 1948) et Victor Miller (né en 1947) en 1984-85. Elle a l'avantage d'utiliser des nombres un peu moins grands.

Les systèmes à clef publique ont le défaut d'être lents, en particulier pour les déchiffrements où les clés sont moins simples que pour le chiffrement. Pour échanger de longs messages, la technique est d'échanger une clé avec votre correspondant (avec RSA, par exemple), puis d'utiliser cette clé avec un système beaucoup plus rapide, comme l'AES, *Advanced Encryption Standard*. Mais bien d'autres problèmes difficiles se posent pour transmettre de longs messages. . .

La cryptographie, donc les mathématiques, sont utilisées partout : sécurisation des cartes bleues, de tous les échanges d'informations (civils, militaires, criminels. . .), des ordinateurs, etc. Les échanges de cryptomonnaies, la moindre transaction financière transitant par le réseau utilisent de la cryptographie : un tiers de confiance (quelques organismes dans le monde) vous envoie (ou plutôt, envoie à votre ordinateur) des nombres pour chiffrer la communication de votre ordinateur avec celui de votre correspondant et la rendre absolument sûre. Tous ces échanges entraînent des consommations d'énergie gigantesques.

Mais attention ! Il semble que si les mathématiques de la cryptographie sont sûres, la partie informatique présente souvent des faiblesses que les attaques ennemies peuvent utiliser. La recherche mathématique s'occupe actuellement des problèmes qu'une cryptographie utilisant les propriétés quantiques de la matière poserait : comment créer une clé sûre, comment la transmettre, comment transmettre des textes avec une grande sécurité, etc.

C'est dans les bâtiments de la Direction générale de l'armement-maîtrise de l'information (DGA MI) au sud de Rennes qu'est concentrée la recherche cryptographique française.

Si vous cherchez un emploi, sachez que le NSA (*National Security Agency*) des États-Unis, dit être le plus gros employeur de mathématicien(ne)s du monde.

Codes correcteurs

Bien des informations doivent être transmises de façon à ce que le récepteur puisse reconstituer sans la moindre erreur la suite des bits d'information (des 0 et des 1) envoyée quand elle est perturbée par des *bruits* de natures diverses. C'est le cas des envois de données bancaires ou médicales, de la musique stockée sur un CD poussiéreux ou rayé que vous voulez écouter, de toutes les informations qui circulent sans cesse dans les réseaux immenses de nos ordinateurs ou de l'internet, des transmissions spatiales venant de sondes éloignées, etc.

Il faut donc envoyer un peu plus d'information pour que le récepteur soit capable de savoir si le message a été transmis sans erreur et, si besoin, de le reconstituer avec la suite de bits, certains erronés ou manquants, qu'il a reçus. Éventuellement, on peut demander, quand on constate une erreur de transmission, à ce que le message soit transmis une nouvelle fois (si c'est possible).

Donnons un exemple. Supposons que A veuille envoyer un message à B ; il le découpe d'abord en séquences de longueurs suffisamment courtes. Pour chaque séquence s, A calcule un bit t, dit bit de parité, qui vaut 1 si le nombre de 1 de s est impair, 0 si ce nombre est pair. Il transmet st à B ; B reçoit $s't'$. Si les erreurs de transmission affectent au plus un bit de st, B peut calculer le bit de parité de s' et le comparer à t'. S'ils sont différents, B sait qu'il y a eu une erreur de transmission, mais ne peut la localiser.

On peut aussi imaginer que A envoie trois fois son message ; B choisira pour chaque bit celui qui a été reçu au moins deux fois ; mais cette méthode demande du temps.

On a trouvé des solutions plus économiques avec les *codes correcteurs* d'erreurs. L'idée est d'utiliser l'algèbre linéaire ou la théorie des corps finis pour donner des structures aux messages. Le code conçu par Richard Hamming (1915-1998) vers 1946 permettait de transmettre des séquences de 4 bits et de corriger une erreur éventuelle en calculant une séquence de trois bits à leur ajouter. Le code du Minitel utilisait le corps à 128 éléments pour transmettre des messages de 120 bits en calculant 7 bits supplémentaires permettant de corriger une erreur. Les informations transmises par les sondes spatiales sont également transmises avec des codes correcteurs d'erreurs[4], indispensables pour pouvoir rétablir les images et les données envoyées par nos fusées et toutes brouillées par les grésillements de l'espace.

Le vote électronique

Le vote pour élire un député en France est simple. On dispose d'une urne et de bulletins tous semblables. Pour voter, on passe par un isoloir (une cabine mise en place en 1913), on sélectionne le bulletin de son choix, on le met dans une enveloppe, on se fait reconnaître, puis on dépose son enveloppe dans l'urne. Le soir, on arrête le scrutin, on vide l'urne et on compte les bulletins déposés pour chaque candidat. C'est très simple, on peut voir l'urne toute la journée, on est vu quand on dépose son bulletin, aucune possibilité de tricher n'existe.

On ne voit pas comment on pourrait influencer le résultat, l'urne restant visible du matin, où elle est vide, au soir, où on procède au dépouillement.

Une élection ne se déroule pas toujours suivant ce principe très simple. Par exemple, l'électeur peut avoir à cocher un certain nombre de cases sur son bulletin pour désigner les candidats qu'il préfère dans une liste assez longue avec des risques d'erreur importants. Il peut aussi avoir à classer des candidats. Pour bien des élections, le système du bulletin n'est pas satisfaisant.

Il existe bien des manières d'influencer un vote par la contrainte, l'argent, le piratage des matériels de vote. Dans certains pays, existent des machines à voter : elles peuvent permettre de nombreuses possibilités de fraudes. Par exemple, certaines seront en panne pour limiter le vote noir dans des villes aux États-Unis. Des dictatures, des groupes politiques, financiers ou mafieux chercheront aussi à truquer les élections pour leurs intérêts propres.

Le vote électronique peut paraître un remède à ces scandales. Mais ceux qui le préconisent ne se rendent pas compte des difficultés. La conception d'un système inattaquable, garantissant le secret du vote, la transparence des procédures et donnant un résultat exact demande un important travail de réflexion, et aucun des systèmes proposés actuellement ne semble être entièrement satisfaisant (voir cependant le système Belenios[5]).

La transparence du système demande que le code source de l'ordinateur soit intégralement publié. L'exactitude du résultat demande que le programme soit prouvé par des techniques de preuve. Le secret du vote demande le recours à des méthodes de cryptographie asymétriques comme celles dont on a parlé pages 255-256. Plein de mathématiques récentes sont donc nécessaires.

Pour les élections présidentielles françaises, aucun système de vote par internet n'offre autant de sécurité que notre système actuel.

Je vais juste donner un aperçu des méthodes pour assurer le secret du vote telles qu'elles sont décrites dans [COR-GAU]. Le premier problème est que le votant devant son ordinateur peut être contraint par une personne, présente ou non. Ensuite, l'ordinateur ou des routeurs intermédiaires entre le votant et ce qui tient lieu d'urne peuvent être piratés. Pour communiquer son vote, on utilise un système asymétrique de cryptographie : le votant adresse son vote a une autorité de confiance à qui on peut écrire avec une clé publique et qui pourra déchiffrer votre vote avec sa clé privée. Mais ne prévoir qu'une seule autorité de confiance est dangereux car, si elle le voulait, cette autorité pourrait déchiffrer les votes de tous les votants. On prévoit donc plusieurs autorités de confiance, chacune avec sa clé privée, de façon qu'elles ne puissent déchiffrer les votes qu'ensemble... C'est très compliqué et ce n'est que le début des méthodes décrites dans [COR-GAU].

Ainsi, les discussions sur la mise en place du vote électronique dépendent de résultats non triviaux de théorie des nombres, ce que personne n'aurait imaginé il y a 50 ans.

Météorologie

Pendant la guerre de Crimée, le 14 novembre 1854, une tempête cause la perte de 38 navires et la mort de 400 marins. L'astronome Urbain Le Verrier (1811-1877) est chargé d'en étudier les causes. Il se rend compte que la tempête a traversé l'Europe en 3 jours et organise un réseau de stations d'observation (59 en 1865) reliées par télégraphe ; il s'agit d'abord de prévenir les marins des dangers d'une tempête. Vilhelm Bjerknes (1862-1951), qui a suivi des cours de Poincaré, est le grand organisateur de la météorologie moderne ; il est le premier à affirmer la possibilité de prédire mathématiquement le temps, suivant en cela les principes déterministes énoncés par Laplace 100 ans auparavant (voir p. 135). Poincaré a bien prévu la difficulté des prévisions : *un dixième de degré en plus ou en moins en un point quelconque, le cyclone éclate ici et non pas là, et il étend ses ravages sur des contrées qu'il aurait épargnées. Si on avait connu ce dixième de degré, on aurait pu le savoir d'avance, mais les observations n'étaient ni assez serrées, ni assez précises, et c'est pour cela que tout semble dû à l'intervention du hasard.*

Pendant la Seconde Guerre mondiale, les aviateurs auraient bien aimé savoir le temps qu'il ferait quand ils iraient bombarder. Les marins craignaient les typhons, comme celui qui détruisit complètement, le 18 décembre 1944, la troisième flotte américaine. Mais les météorologues ne pouvaient rien leur prédire.

Le *Meteorological Project* naît en 1948 et Von Neumann suit ses travaux en 1949 et 1950 de très près. On dispose de réseaux de radars qui donnent l'état des nuages, les vitesses et directions des vents, les précipitations en des points d'un réseau plus dense chaque année. On dispose aussi avec les premiers ordinateurs de moyens de calcul nouveaux dont la puissance augmente rapidement. Des modèles, à deux couches, puis à trois couches, sont élaborés, testés sur des journées particulières, sans donner satisfaction. Le 5 août 1952, Von Neumann réunit des représentants du Weather Bureau, de l'Air Force et de la Navy à Princeton. Un modèle plus élaboré lui paraît pouvoir donner des prévisions à 36 heures (qui se réduisent à 24 compte tenu des temps de calcul et d'acheminement des résultats). Un an plus tard, ces objectifs sont atteints. C'est le début des prévisions météorologiques calculées par ordinateur (mais le contrôle humain est encore une nécessité, les modèles étant mal préparés à analyser des situations exceptionnelles, de tempête, etc.).

Actuellement, la Terre est recouverte par différentes sortes de maillages, certains plus globaux, d'autres couvrant certaines régions précises avec des mailles plus fines ; l'atmosphère est décomposée en une cinquantaine de couches. Les données recueillies par des observations forcément lacunaires et inégalement réparties d'un réseau de plusieurs milliers de stations au sol, de navires, de bouées dérivantes, de satellites[6] sont transmises chaque jour aux centres de calculs. Des ordinateurs (parmi les plus puissants de ceux qui sont construits actuellement) sont nécessaires pour traiter rapidement cet énorme ensemble de données. La taille des mailles du réseau français AROME, mis en place fin 2008, est de 1,3 kilomètres en 2015. La modélisation des océans fait également d'énormes progrès. Tout ceci permet à Météofrance de lancer, quand c'est nécessaire, des appels à la vigilance aux phénomènes climatiques exceptionnels : fortes pluies, orages violents et inondations, canicules, risques d'avalanche, etc. Beaucoup acceptent mal qu'elle puisse parfois se tromper, pour des raisons qu'elle peut toujours, *a posteriori*, expliquer.

La prévision du temps est importante pour annoncer des catastrophes, mais aussi, chaque jour, pour les pêcheurs, les agriculteurs, les compagnies aériennes (la connaissance des vents soufflant en altitude détermine le trajet des avions), EDF (pour la prévision de la température du lendemain dans les différentes villes qu'elle alimente en électricité), les militaires, etc.[7]

Quelques exemples de physique et autres

Les questions de physique, de chimie, de biologie, de médecine où le rôle des mathématiques est important sont innombrables. Beaucoup de problèmes de physique font appel à des équations d'une ou de plusieurs variables impliquant des dérivées ou des dérivées partielles. Certaines parties de ces théories se sont nourries de l'étude d'équations venant de la physique (voir par exemple l'équation de Boltzmann, p. 240). L'analyse de Fourier est née de questions sur les problèmes physiques (voir p. 139). Et leurs applications sont innombrables, dans tous les problèmes de mécanique, pour les IRM de la médecine, etc.

Les probabilités, les statistiques, l'analyse (l'étude des fonctions), la mécanique des fluides sont sans cesse mobilisées. Citons quelques exemples simples : l'étude de la croissance de colonies bactériennes, l'étude de la forme de glaçons placés dans de l'eau, tout étant à 0 °C, ou l'étude de l'eau en surfusion, les problèmes de percolation (voir p. 251), les déplacements de nuées d'oiseaux, de groupes de bactéries ou de bancs de poissons, l'étude du mouvement brownien, les traitements de signaux, l'étude des couches limites entre les courants de l'océan, etc.

Mais il arrive aussi que l'algèbre joue un rôle essentiel. On comprend aujourd'hui les grandes lois de la physique comme des conséquences des grands principes et des idées de symétrie. Un exemple de grand principe est le principe de moindre action qui demande que tout mouvement se fasse à l'économie, c'est-à-dire en utilisant le minimum d'énergie possible (l'idée était déjà présente chez Fermat, voir p. 87). Dire qu'une propriété satisfait une propriété de symétrie, c'est dire, par exemple, qu'elle ne change pas quand on translate les particules, quand on les fait tourner ou quand on fait d'autres mouvements. Les mouvements qui ont ces propriétés forment des groupes, une notion qui remonte à Galois et qui a été étudiée en détail pour les groupes de mouvements dans l'espace (éventuellement complexes).

Pendant des siècles, les propriétés fondamentales de la physique, les lois de la dynamique, les lois de Maxwell (1831-1879) pour l'électromagnétisme, ont été établies par le calcul. Personne, alors, n'apercevait un lien quelconque avec des propriétés de symétrie. Ces propriétés apparaissent dans les théorèmes de Noether (voir p. 188), et Einstein en a aussi tiré parti. Mais ce n'est que vers 1950 qu'on s'est aperçu de l'importance essentielle de ces propriétés avec les travaux de Chen Ning Yang (né en 1922) et Robert Mills (1927-1999), quand ils élaborèrent leur théorie de jauge non abélienne, une théorie pour décrire les liens des protons et des neutrons dans le noyau des atomes. Et ils s'aperçurent que les mathématiciens (voir p. 168) leur avaient préparé le terrain pour l'étude des groupes qu'ils rencontraient.

L'histoire s'est répétée au début des années 1960 quand Murray Gell-Mann (1929-2019, prix Nobel 1969) mettait en forme sa théorie des quarks, une théorie qui allait tout changer dans la physique des particules. Il était à l'IHES, déjeunait régulièrement avec Jean-Pierre Serre, mais jamais l'idée ne lui est venue de parler avec lui des façons de travailler dans les groupes qui décrivaient les symétries dans son travail.

Tous ces travaux montrent l'importance extraordinaire pour la compréhension de notre monde des groupes spéciaux unitaires SU(1), SU(2) et SU(3), particulièrement du groupe SU(3), à l'origine de toutes les grandes lois de l'univers[8].

Mathématiques financières

L'argent est absolument nécessaire et plusieurs milliards d'individus aujourd'hui souhaiteraient bien en avoir simplement un minimum pour pouvoir vivre dans des conditions moins difficiles que celles qu'ils connaissent : se procurer de la nourriture pour se nourrir, etc. La gestion de l'argent dans le monde d'aujourd'hui ne s'occupe pas vraiment de ce scandale absolu et qui devrait être insupportable à tout humain. Pourquoi ces grands financiers, ces traders audacieux dont les salaires sont énormes, ne pensent qu'à ces masses d'argent[9] sans se soucier de tous ceux qui n'en ont pas ni de leur misère ?

On peut croire possible une théorie scientifique de l'économie, un modèle mathématique dans lequel on entre des données, des lois, des paramètres de ces lois pour décrire l'évolution du système sur une durée significative. Les sommes en jeu sont gigantesques, mais les acteurs importants ne sont sans doute pas si nombreux que cela, ce qui doit permettre de construire des modèles. Seulement, les données et les paramètres sont souvent impossibles à connaître : secrets bancaires, fraudes fiscales inimaginables, mouvements cachés d'énormes capitaux, frauduleux ou non, décisions humaines imprévisibles cherchant à faire des coups. . . Si on les connaissait tous, alors peut-être qu'une science économique pourrait vraiment être efficace.

Les résultats mathématiques sont des résultats obtenus par le raisonnement et tout le monde peut les vérifier et s'en convaincre... pour l'éternité. La science économique n'a pas cette certitude.

Malgré tout cela, beaucoup de choses sont possibles et les mathématiques financières sont aujourd'hui étudiées massivement. L'histoire de ces mathématiques remonte peut-être à un botaniste, Robert Brown (1773-1858), l'un des premiers à utiliser un microscope. Parmi ses découvertes, celle, en 1827, d'un mouvement *très vif et parfaitement désordonné*, disait Jean Perrin (1870-1942), de particules des grains de pollen d'une espèce de Clarkia ;

Brown montre que le phénomène n'est pas lié au domaine du vivant sans en comprendre la cause[10].

Louis Bachelier (1870-1946) est le grand pionnier. Il montre dans sa thèse *Théorie de la spéculation*, sous la direction de Poincaré, en 1900, l'utilité des mathématiques dans la compréhension des phénomènes économiques. Pour décrire les irrégularités des cours de la Bourse, il invente de nouvelles mathématiques qui seront plus tard reconnues comme celles permettant d'étudier le mouvement brownien. La thèse de Bachelier est incomprise. Quelques années plus tard, Bachelier introduit de nouvelles idées probabilistes qui se révèleront très profondes, abordant l'étude des équations différentielles stochastiques, etc. Bachelier a eu une carrière difficile, ne trouvant pas de poste stable (il est professeur à Rennes de 1925 à 1927, sans laisser de traces de son passage, et meurt à Saint-Servan). La valeur de ses travaux est proclamée tardivement par Paul Samuelson (1915-2009) qui en a fait (1965 et 1973), au prix de changements, la base des mathématiques financières actuelles. Samuelson a reçu le prix Nobel d'économie en 1970 ; c'est un des initiateurs des modèles mathématiques en économie. Le modèle de Black-Scholes (Fischer Black 1938-1995 et Myron Scholes né en 1941), un célèbre processus stochastique pour suivre le cours des actions, publié en 1973, est également issu des travaux de Bachelier (mais le *hedge fund* auquel Black et Scholes participent fait une faillite colossale en 1998 : plus de 1 000 milliards de dollars !). Bachelier est aujourd'hui reconnu comme le père des mathématiques financières.

Le métier demandant le plus haut niveau de mathématiques dans les mathématiques financières est celui de *Quant* ; apparu dans les années 1970, ce métier est aujourd'hui centré principalement sur l'évaluation et la gestion des grands risques financiers comme ceux auxquels peuvent faire face les grandes entreprises ou ceux que pourraient causer des crises financières, comme celles apparues ces dernières années. La formation de Quant, mise en place dans les années 1990 par Nicole El Karoui (née en 1944) et Marc Yor (1949-2014) au sein de l'Université de Paris VI, a acquis une réputation mondiale.

Analyse des données

L'arrivée des ordinateurs allait permettre aux statisticiens de développer de nouvelles méthodes d'analyse des données.

Ce qu'on a appelé l'*école française d'analyse des données* a été en pointe à partir des années 1965 grâce à Jean-Paul Benzécri (1932-2022), brillant normalien, qui utilise sa vision géométrique des problèmes et le petit ordinateur qu'il a fait acheter à la Faculté des sciences de Rennes en 1963[11] pour mettre au point de nouvelles méthodes statistiques : l'*Analyse factorielle des correspondances*, auxquelles il formera de nombreuses (et nombreux) élèves. Ces méthodes trouvent des applications très utiles dans des domaines variés, biologie, médecine, agriculture, analyse de photos, linguistique, économie, sociologie (Pierre Bourdieu), analyse politique, etc. en présentant les données dans des plans factoriels faciles à interpréter pour le non-spécialiste, dans lesquels les éléments qui se ressemblent sont proches, ceux qui s'opposent sont symétriques par rapport à l'origine.

Un des tout premiers exemples (publié en 1968) est médical, il s'agissait alors d'étudier une population de 613 patients de l'hôpital de Rennes traités pour des maladies du foie : hémochromatoses, cirrhoses, diabètes, etc. en recueillant six nombres – le taux en fer, en cuivre, en sidérophiline (une protéine spécialisée dans le transport du fer), etc. On a donc des points dans un espace à six dimensions qui forment ce qu'on appelle un « nuage » et la méthode d'analyse factorielle permet de trouver un plan dans lequel la majorité de l'information est conservée. Le résultat est remarquable : les sujets atteints d'hémochromatoses sont tous regroupés dans un quart du graphique, etc. L'analyse permet aussi d'attirer l'attention sur des sujets qui ne se trouvent pas à la place attendue, et il y a quasiment toujours une explication médicale à ce positionnement. Un autre intérêt de la méthode est de pouvoir comparer les six mesures effectuées.

Le succès de la méthode fut important (les cahiers publiés de 1976 à 1997 comptent 10 000 pages, toutes écrites ou revues par Benzécri). L'un de ses grands intérêts est sa représentation très visuelle des données, de leurs regroupements et de leurs oppositions, laissant loin derrière elle les méthodes basées uniquement sur des pourcentages, des méthodes plus pauvres, mais malgré tout encore très utilisées.

L'expérience acquise pourrait être adaptée à l'analyse des gigantesques données multidimensionnelles de toutes sortes (scientifiques[12], d'espionnage, bancaires, personnelles,. . .) recueillies depuis 2010 avec les nouveaux moyens de stockage (on évoque des nombres de l'ordre de 10^{21} octets). Des milliers de mathématiciens et de statisticiens sont demandés pour coder, rendre analysable et tirer partie de ces *mégadonnées* (les *big data* en anglais).

Autres domaines de recherche

C'est en 1974 que Benoît Mandelbrot (1924-2010) créé la notion d'objet fractal (du latin *fractus* : brisé, morcelé). Les droites et les plans sont lisses, mais, dit Mandelbrot, la règle générale dans la nature est la rugosité. Un objet fractal a, en général, un bord découpé et reproduit toujours le même type de dessin à quelque échelle qu'on le regarde s'il s'agit d'un objet théorique, à plusieurs échelles s'il s'agit d'un objet concret comme les cours de la bourse, les éponges, les alvéoles du poumon, des signaux, etc. On peut leur attribuer des dimensions, entre 1 et 2 pour une courbe brisée comme la côte de Bretagne, entre 2 et 3 pour une surface pleine de trous et de bosses ; par exemple, les constantes qui interviennent dans certaines relations chimiques sont de telles dimensions.

Paul Bézier (Arts et métiers, 1910-1999), ingénieur chez Renault, initie la description numérique des courbes (avec des courbes dites *de Bézier*) et des surfaces pour concevoir et usiner des objets industriels (carrosseries de voitures, flacons de parfums, caractères d'imprimerie, etc.) avec des gains de temps et de main-d'œuvre considérables[13]. Mais il a dû s'imposer dans son entreprise pour mettre en œuvre ses idées (si elles avaient été intéressantes, les Américains y aurait sûrement pensé depuis longtemps, lui a-t-on dit, entre autres !).

Les coefficients de Fourier permettent de décrire une fonction par une suite dénombrable de réels ; c'est une économie extraordinaire ! Dans les années 1970, un géophysicien d'Elf, Jean Morlet découvrit d'autres fonctions, baptisées *ondelettes*, permettant de telles économies pour la description des surfaces. Elles sont développées par Yves Meyer (né en 1939), Ingrid Daubechies (née en

1954) et bien d'autres ; elles sont maintenant devenues un grand thème de recherches et connaissent des applications dans de nombreux domaines de la sismologie à la physique ou au traitement de signaux et d'images (standard JPEG2000, etc.)[14].

La théorie des graphes où brilla Claude Berge (1926-2002, aussi artiste et membre de l'Oulipo) est une mine de problèmes auxquels se consacrent des milliers de mathématicien(ne)s ; les graphes dans les applications informatiques (par exemple, le réseau Internet) ou dans tous les problèmes de recherche opérationnelle, ont parfois des millions de sommets et construire des algorithmes rapides est extrêmement difficile.

Les équations de Lotka-Volterra (voir p. 191) sont le premier modèle d'évolution de populations en biologie. Depuis, de nombreux facteurs ont été incorporés dans les modèles, des données spatiales, les âges des individus, les mouvements dans les populations, etc., par exemple pour étudier l'évolution de populations de phytoplanctons. La confrontation des résultats théoriques donnés par le modèle avec les données réelles est toujours une étape cruciale du travail.

Les travaux mathématiques demandés par les militaires peuvent devenir des thèmes d'études non militaires et réciproquement. Tous les domaines des mathématiques peuvent servir : les statistiques pour les contrôles de qualité, des probabilités pour les bombardements, la recherche opérationnelle, etc. Les besoins en algorithmes performants pour guider les avions, les fusées (et s'en protéger), les satellites, communiquer avec eux, pour toute l'organisation, la construction de matériels sophistiqués, sont énormes.

Ordinateurs et mathématiques

L'ordinateur a complètement changé des branches entières des mathématiques, comme Bush et Von Neumann l'avaient prophétisé à la naissance de l'ENIAC. Parmi les (plus de 500) langages de programmation, citons le Fortran (milieu des années 1950), le C (1972), le langage Ada[15] mis au point par Jean Ichbiah (1940-2007) pour l'armée américaine à la fin des années 1970.

Un des grands pionniers de l'informatique est Donald Knuth (né en 1938) dont l'œuvre est considérable. *The art of computer programming*, que Knuth a commencé en 1962, est devenu une *bible*[16]. Dans ces livres, Knuth présente de nombreux algorithmes, les analyse, les commente ; la masse de mathématiques est impressionnante et ne ressemble pas aux mathématiques classiques. Knuth a écrit de nombreux algorithmes, par exemple celui que tout le monde utilise sans arrêt, qui permet de rechercher dans un texte les occurrences d'une chaîne de caractères donnée. Il est en train de rédiger de nouveaux volumes.

Knuth a publié ensuite TEX (1984, 500 p., prononcer *tek*), METAFONT (1986, 570 p.) chez Addison-Wesley. Il y présente un logiciel libre de traitement de textes qu'il a conçu à la fin des années 1970 pour la réédition de ses livres précédents et une police de caractères. TEX va être utilisé rapidement par tous les mathématiciens et même les autres scientifiques pour saisir leurs textes et les mettre en page avec précision. Une fois le logiciel pris en main, c'est bien plus agréable que les logiciels opaques du commerce ; tout est prévu, même les développements ultérieurs, tout est clair et chacun peut introduire des variantes personnelles. Différentes commandes sont incorporées dans le texte pour indiquer ce qu'on veut faire :

retourner à la ligne, mettre en italiques, commencer une nouvelle section, écrire des formules mathématiques, chimiques, etc. Une version plus structurée de TEX, appelée LATEX (pour *Lamport TEX*), a été élaborée par Leslie Lamport (né en 1941) en 1983 et améliorée depuis. Si on est un virtuose de TEX ou de LATEX, on peut raffiner ses présentations à loisir.

On ne se rend plus compte aujourd'hui des problèmes posés par la petite taille de ce que pouvait traiter des ordinateurs. Jusque dans les années 1980, elle était très insuffisante, ce qui contraignait les mathématiciens à découper les problèmes en morceaux et, à partir des résultats obtenus, essayer de reconstituer la solution du problème entier. En analyse des données, on analysait des sous-tableaux faute de pouvoir faire l'analyse du tableau entier. En analyse numérique, on ne pouvait résoudre que des systèmes linéaires de quelques dizaines de milliers d'équations ; aujourd'hui, on atteint le million d'équations. Le nombre d'opérations effectuées en une seconde a également fortement augmenté. Ces progrès sont utiles pour les prévisions météorologiques (voir p. 262), la théorie des graphes (voir p. 271), l'étude du comportement d'un Airbus ou d'une fusée en vol (on ne peut plus expérimenter à la soufflerie de Modane-Avrieux, c'est trop gros), d'une voiture dans un accident, d'un voilier dans la mer, de courants électriques dans une cuve à électrolyse, d'une bombe atomique dans les différentes phases de son explosion, de l'étude des protéines, etc. Tous ces problèmes font actuellement l'objet de simulations numériques nécessitant beaucoup de mathématiques pour la modélisation des phénomènes, pour élaborer les algorithmes les plus rapides calculant des résultats et pour en évaluer la qualité d'approximation.

Pour certains problèmes de théorie des nombres, les ordinateurs ont permis des expérimentations numériques. Dès 1951, par exemple, la course était lancée pour trouver des nombres de Mersenne premiers de plus en plus grands (voir p. 83). En 2023, on en connaît 51 ; on en trouve un tous les deux ans à peu près. Le 4 septembre 2006, on trouvait M_{44} pour $n = 32\,582\,657$, ayant presque dix millions de chiffres. Le 25 janvier 2013, on a trouvé M_{48} pour $n = 57\,885\,161$ (on a depuis vérifié que c'est bien le 48e nombre de Mersenne). Le dernier trouvé, le 7 décembre 2018, est M_{51}, pour $n = 82\,589\,933$, un nombre de près de 24,87 millions de chiffres. Il y a des records à battre...

L'intelligence artificielle (IA) est en développement spectaculaire ces dernières années, grâce à la croissance des capacités des ordinateurs à analyser d'énormes quantités de données. On se souvient des victoires du programme AlphaGo sur les plus grands joueurs du jeu de go en 2016 et 2017.

Les réseaux de neurones, qui formaient une part importante d'AlphaGo, ont été créés en 1950 et se sont révélés supérieurs aux autres systèmes d'IA.

Les problèmes d'IA ne sont pas les mêmes pour Google, qui s'occupe plutôt des problèmes d'information, et chez Facebook, qui s'occupe de relations humaines. Il est difficile d'évaluer les évolutions sur le long terme. On constate en ce moment les capacités de l'IA pour l'étude et la rédaction de textes (la qualité est celle de rédaction d'élèves ou d'articles de journaux) et pour l'analyse d'image. L'IA est capable d'emmagasiner beaucoup plus de connaissances qu'un humain, mais ses qualités mathématiques ne sont pas encore très élevées et l'IA s'excuse platement quand on la met devant une de ses erreurs (par exemple, sur des problèmes simples de divisibilité dans les entiers).

L'IA tire ses résultats d'analyses statistiques. Mais elle distingue comme nous un loup d'un chien parce que le premier est photographié dans une forêt ; reconnaître la forme de l'animal est beaucoup plus délicat. L'IA utilise pour ses descriptions de concepts des vecteurs de très grande dimension, mais on ne sait pas encore donner toujours à l'IA le sens des choses de manière suffisamment fine.

Des équipes de milliers de personnes, en particulier de mathématiciens, travaillent dans le domaine de l'IA. De nouveaux progrès vont certainement intervenir rapidement. Des lacunes vont être effacées.

Le rôle de l'IA dans des prises de décision croît. Le danger de l'utiliser dans certains domaines, comme le domaine militaire, est inquiétant. Des réflexions politiques sont engagées sur son rôle dans notre futur proche.

Pour finir, évoquons le rêve d'un ordinateur quantique du célèbre physicien Richard Feynmann, en 1982. Pour le moment, ce n'est toujours qu'un rêve, mais des avancées ont été obtenues. Avec un ordinateur quantique, de nombreux problèmes qu'on ne peut traiter aujourd'hui dans un délai raisonnable, deviendraient accessibles aux calculs et nous avons cité les problèmes liés à la cryptographie.

Toutes les méthodes cryptographiques actuelles seraient périmées ou à revoir comme les transmissions de clés ou de messages ; la moindre attaque pourrait être détectée... Les mathématiciens ont déjà écrit de nombreux algorithmes pour cette nouvelle époque ; ce serait une révolution. Je disais en 2018 qu'on en était encore loin, mais les avancées semblent rapides.

L'ordinateur : aide aux démonstrations

L'ordinateur peut servir à effectuer certains calculs d'une démonstration. Cela a été le cas dans la démonstration du théorème des quatre couleurs en 1976. Il s'agit de montrer que quatre couleurs suffisent pour colorier toute carte de géographie où les régions sont d'un seul tenant. La démonstration de Kenneth Appel (1932-2013) et Wolfgang Haken (1928-2022) se termine par l'examen sur ordinateur de différents cas trop compliqués pour être traités à la main. Personne ne pouvant vérifier les calculs sur ordinateurs, il restait un doute sur la correction de la démonstration. La difficulté est analogue dans la démonstration de la conjecture de Kepler (voir p. 78).

Le rôle des ordinateurs dans les démonstrations s'est récemment développé. Xavier Leroy (né en 1968) a mis au point avec son équipe le langage *Coq* qui permet de vérifier sur ordinateur des démonstrations mathématiques longues et complexes. La démonstration du théorème des quatre couleurs a ainsi été validée en 2004. Celle du théorème de Walter Feit (1930-2004) et John Thomson (né en 1932), un résultat très profond de théorie des groupes ayant nécessité 200 pages de démonstration en 1963, a été validée en 2012. En août 2014, une équipe réunie par Thomas Hales a annoncé la vérification complète de sa démonstration de la conjecture de Kepler. Les démonstrations formelles forment des ensembles de plusieurs dizaines de milliers de lignes (150 000 lignes et 13 000 théorèmes dans le cas du théorème de Feit et Thomson). L'intérêt de telles recherches est qu'elles fournissent en même temps des bibliothèques de procédures entièrement écrites pour mener d'autres travaux. Les logiciels pour assister les mathématicien(ne)s dans leurs démonstrations vont sans doute prendre une place de plus en plus grande dans les mathématiques du futur. Ces travaux devraient permettre de vérifier des programmes extrêmement longs, comme ceux conçus pour les lanceurs spatiaux, et éviter des catastrophes comme l'échec du lancement d'*Ariane 5* le 4 juin 1996.

La conjecture $P = NP$

Dans les années 1930, on ne s'est plus seulement demandé si, face à un problème donné, il existait des méthodes pour en calculer des solutions, mais si les calculs étaient possibles en un temps raisonnable par rapport à la taille des données : il fallait compter précisément le nombre d'opérations élémentaires à effectuer. Par exemple, la méthode habituelle pour multiplier deux nombres demande :

- 16 multiplications élémentaires et quelques additions dans le cas de deux nombres de quatre chiffres,
- n^2 multiplications élémentaires et quelques additions dans le cas de deux nombres de n chiffres.

On peut ne pas tenir compte des additions en jugeant qu'elles n'apportent qu'un surcroît de travail négligeable ; il faut aussi savoir que, depuis les années 1960, on a mis au point des méthodes de multiplication où il n'est besoin que de faire *un peu plus de n* multiplications dans le cas de deux nombres de n chiffres, ce qui constitue un gain de temps appréciable pour les très grands nombres.

Nous avons déjà dit qu'un algorithme est un *procédé de calcul*. Aujourd'hui, les algorithmes sont nécessaires dans d'innombrables situations. Tous les robots qui nous entourent, nos portables, nos ordinateurs, les trains et les futures voitures sans chauffeur, le réseau internet, le traitement des grands ensembles de données, les avions et les drones, le matériel de guerre, de nombreux problèmes de théorie des nombres et des graphes, d'économie, de biologie, etc. utilisent des algorithmes et, s'il ne fallait qu'une preuve de l'utilité des mathématiques, la conception et l'écriture de tous ces algorithmes en est une. Elle justifie la formation de milliers de mathématiciens dans le monde.

Des problèmes ont été reconnus *faciles*, dans le sens où le nombre de calculs élémentaires effectués par leur algorithme de résolution était *raisonnable* en fonction de la taille des données initiales (comme le calcul de n^2 en fonction de n précédent). Pour être plus technique, la solution doit pouvoir se calculer en *temps polynomial* en fonction de la taille des données. Ces problèmes forment la classe P. Soulignons que, si la fonction polynomiale est de degré élevé, les calculs ne seront pas rapides, ils seront seulement d'un ordre de grandeur acceptable.

Bien des problèmes ne sont pas reconnus actuellement comme *faciles* au sens précédent. En fait, ils sont peut-être *faciles*, mais on ne leur connaît que des algorithmes de résolution *longs*, qui ne calculent pas leur solution en temps polynomial en fonction de la taille des données.

D'autres problèmes ont la propriété suivante : si on vous propose une solution, vous pouvez vérifier *facilement* (c'est-à-dire en un temps polynomial en fonction de la taille des données) si elle est correcte ou non. On dit qu'ils sont NP-complets et ils forment la classe NP ; la définition précise date du début des années 1970. Voici un exemple.

Circuits hamiltoniens

Hamilton avait remarqué que l'on pouvait définir des chemins fermés le long des arêtes d'un dodécaèdre régulier qui passaient une fois et une seule par chaque sommet (vérifiez !). Dans un graphe, un tel circuit est depuis appelé hamiltonien.

Si on vous donne une carte avec plein de villes et de routes les reliant, on peut se demander comment trouver un itinéraire, s'il en existe, qui parte d'une ville, passe une fois et une seule par toutes les villes indiquées et revienne à son point de départ (il s'agit bien d'une recherche de circuit hamiltonien). La difficulté de trouver un bon chemin est liée au nombre de villes à considérer ; s'il y en a 10, on y arrive sans peine en bricolant, s'il y en a 200, on n'y arrive pas, sauf miracle. Par contre, si quelqu'un vous propose un itinéraire, vous pouvez très facilement vérifier s'il remplit ou non les conditions de passer par chaque ville une fois et une seule en revenant au point de départ : le problème est dans la classe NP, mais on ne sait toujours pas s'il est dans la classe P.

Comme l'inclusion $P \subset NP$ est immédiate, le problème $P = NP$ est équivalent à la question : *Tous les problèmes vérifiables en temps polynomial sont-ils résolubles en temps polynomial ?*

Ce problème est devenu l'une des questions centrales des mathématiques et a été placée au troisième rang des problèmes de la fondation Clay (voir p. 288).

Depuis 1972, on a identifié plusieurs milliers de problèmes NP-complets. Pouvoir décider pour l'un d'entre eux qu'il est dans la classe *P* ou qu'il n'y est pas (mais personne n'a encore réussi !) entraînerait le même résultat pour tous les autres...

Si *P* et *NP* étaient des classes égales, il deviendrait possible de résoudre un problème de *P* en envisageant simplement toutes les démonstrations (écrites dans le langage de la théorie des ensembles) d'une longueur inférieure à une certaine longueur (qui pourrait être très grande tout de même) : si l'une d'entre elles est valide, le résultat est démontré, sinon, il est inexact. C'est ce qu'avait compris bien avant tout le monde Kurt Gödel : il l'écrivit le 20 mars 1956 à John Von Neumann (déjà très malade) dans une lettre longtemps restée inédite : *one would simply have to choose the natural number* n *so large that when the machine does not deliver a result, it makes no sense to think more about the problem*[17].

La plupart des mathématiciens penchent pour que *P* et *NP* soient distinctes. Des centaines de chercheurs y travaillent. Si vous trouvez un algorithme en temps polynomial pour résoudre le problème des circuits hamiltoniens ou l'un des milliers de problèmes équivalents, ou si vous savez montrer qu'il n'en existe pas, prenez contact avec la fondation Clay ; ils vous enverront un million de dollars.

Femmes et mathématiques

Je n'ai pas souvent parlé de mathématiciennes jusqu'ici dans ce livre ; avant les années 1950, il y en eut très peu. J'ai juste cité Hypathie, Émilie du Châtelet, Sophie Germain, Sophie Kovalevski, Emmy Noether, Julia Robinson. À la fin de l'année 2023, Yvonne Choquet-Bruhat (connue pour ses travaux sur les équations d'Einstein) a fêté son centième anniversaire.

En France, l'accès des filles à l'enseignement secondaire date de décembre 1880. La loi de Camille See (1847-1919) ouvre l'enseignement secondaire aux filles, mais en le restreignant à cinq ans avec un enseignement scientifique très maigre (on les forme plus aux tâches ménagères) et un diplôme sans grande valeur. C'est après la guerre, en 1924, que les programmes des garçons et des filles deviennent quasiment identiques et que les filles ont enfin accès au baccalauréat et à l'université.

Encore aujourd'hui, en France, la proportion du nombre de mathématiciennes à l'université pose question ; en mathématiques appliquées, elles occupent seulement 15% des postes de rang A ; en mathématiques pures, seulement 6 %. La proportion de femmes est divisée par 3 entre le nombre de maîtres de conférences et le nombre de professeurs en France. Les femmes n'ont pas les mêmes possibilités de travail pour leurs recherches que les hommes entre 30 et 40 ans, ayant à s'occuper plus de leurs enfants, surtout si leur compagnon ne travaille pas dans la même ville. Ces chiffres sont quasiment stables depuis plus de 30 ans... Les proportions s'améliorent lentement dans un certain nombre de pays étrangers. Les femmes sont souvent majoritaires dans les disciplines des sciences de la vie, mais une analyse plus fine montre qu'elles ne sont pas dans les postes de haut niveau et qu'elles n'accèdent pas, le plus souvent, aux leviers de commande.

Pour les filles et les garçons, la décision de s'orienter ou de ne pas s'orienter vers les mathématiques au niveau de la fin des études secondaires ne se pose pas de la même façon, au moins en France. Les stéréotypes des siècles passés n'existent plus sous leur forme abrupte déniant aux femmes toute capacité à l'abstraction, aux études scientifiques, etc. en ne leur accordant que des qualités dites purement féminines (lire les textes anciens est une expérience pleine de surprises, souvent consternante pour les hommes qui les ont écrits). Les choses évoluent et se transforment, mais, si les stéréotypes anciens font sourire, il en existe toujours qui circulent à tous moments dans notre société, à notre insu, que chacun de nous peut reproduire et qui s'imposent depuis la maternelle ; au collège, un manuel peut proposer les exercices difficiles *aux petits fûtés* ou donner plus souvent un rôle plus intelligent aux garçons qu'aux filles dans des énoncés de problème, etc. ; son enseignant peut se tourner vers les garçons pour poser une question plus difficile ; et les parents soutiendront plus fortement un garçon qu'une fille dans sa volonté de suivre des études scientifiques (mathématiques ou physique surtout). Michèle Vergne (née en 1943) raconte : *J'avais été très bavarde dans toutes mes classes de filles, mais d'un coup, en sortant du baccalauréat, confrontée aux hommes, je me découvrais tragiquement coupée de la parole.*

On peut raconter de nombreuses histoires similaires, anecdotiques, mais néanmoins significatives. Aujourd'hui encore, il est difficile pour certains d'imaginer une fille intégrant une classe préparatoire scientifique ; beaucoup d'hommes pensent que les femmes n'ont pas le sens de l'orientation. Dans les réunions entre universitaires de haut niveau, on peut facilement demander à une femme de s'occuper du café, ce qui l'exclut un moment de la discussion, ou la confondre avec une secrétaire en rentrant dans un bureau. J'ai aussi lu, fin 2017, un appel à candidatures pour un *futur directeur* d'une grande institution liée à la recherche mathématique (le masculin était utilisé trois fois en six lignes !) ; il est possible que des circulaires commençant par « chers collègues » existent encore dans le monde universitaire. Dans les années 1960, ce n'était pas toujours agréable pour une jeune femme de causer dans un colloque devant une assistance entièrement ou très majoritairement masculine[18]. On a vu des comptes rendus de réunions entre mathématiciens ne reprenant pas les interventions des femmes.

Les départements de mathématiques ont depuis longtemps une politique s'interdisant de recruter des collègues de la même université afin de favoriser leur mobilité ; cette mobilité favoriserait les équipes dynamiques et maintiendrait l'excellent niveau international des équipes françaises. Mais cette idée est discutable ; en tout cas, elle ne favorise certainement pas les femmes, du fait de leurs contraintes familiales, ni la vie en couple quand de grandes distances éloignent leurs membres de quelques centaines de kilomètres, avec un énorme gâchis de temps, d'énergie et d'argent dans les transports. Au moment des recrutements de nouveaux enseignants sur des postes importants, il est encore possible que, le secret du vote aidant, le choix se porte plus facilement sur un homme.

La situation en mathématiques dans les années 1920-1930 était simple en France : il n'y avait pas de femmes enseignantes à l'université à quelques exceptions près et très peu d'étudiantes. C'est au début des années 1960 que la situation a changé avec la croissance rapide des universités. Le département de mathématiques de la faculté des sciences de Rennes faisait alors exception avec trois professeures : Marie Charpentier (1903-1994) pour la mécanique, Huguette Delavault (1924-2003) pour les techniques mathématiques de la physique et Paulette Libermann (1919-2007) pour la géométrie différentielle.

L'association *Femmes & mathématiques*[19] est née en 1987 pour lutter contre le déficit de filles dans les filières scientifiques, le déficit de femmes dans les métiers scientifiques. Ses activités sont multiples (publications, rencontres, séminaires avec les jeunes mathématiciennes...). Parmi d'autres, elle organisait en 2014 des journées *Filles et maths : une équation lumineuse*. Le *Committee for Women in Mathematics*, créé en 1992, poursuit les mêmes objectifs au niveau international. Les luttes multiples pour une transformation de notre société continuent. Notons aussi l'apparition, le 1er novembre 2023, d'un personnage nouveau au cinéma, une brillante mathématicienne, dans le film *Le théorème de Marguerite*, qui décrit les difficultés qu'elle rencontre...

J'ajoute qu'en 2016, Claire Voisin (née en 1955) a été particulièrement distinguée : pour ses résultats en géométrie algébrique (des démonstrations de conjectures difficiles), elle a reçu la médaille d'or du CNRS et le prix Shaw. C'est la première femme pour laquelle une chaire de mathématiques, la chaire *Géométrie algébrique*, a été créée au Collège de France. Elle l'a occupé de 2015 à 2020.

Une autre femme, Nalini Anantharaman (née en 1976), dont les thèmes de recherche tournent autour des ondes, du chaos et de la mécanique quantique, est professeure au Collège de France depuis 2022.

De son côté, Grothendieck (voir [GRO-Réc]) lie la recherche scientifique au yang, le principe masculin : « *Faire des maths* » *est peut-être la plus yang, la plus* « *masculine* » *parmi toutes les activités humaines connues à ce jour. À vrai dire, toute activité entièrement intellectuelle, comme la recherche scientifique notamment et, plus généralement, toute activité communément qualifiée de « recherche », est une activité à très forte prédominance yang.*

Enfin, même s'il s'agit de biologie, rappelons que la biologiste Rosalind Franklin s'est vue spoliée de sa découverte de la double hélice de l'ADN par James Watson (né en 1928) et Francis Crick (1916-2004) : ils piratèrent son travail, leur publication s'imposa et ils furent récompensés du prix Nobel. Ils n'ont reconnu que très tardivement leur comportement misérable.

Aux États-Unis, Katherine Johnson (1918-2020) est célèbre dans le domaine de l'astronautique : elle a pendant des décennies vérifié à la main les calculs de la NASA pour les fusées, les satellites, les rendez-vous spatiaux, les vols pour la Lune, à tel point que certains se fiaient plus à elle qu'aux ordinateurs. Son histoire est presque incroyable. Elle avait réussi à s'imposer au plus haut niveau alors qu'elle était une femme et qu'elle était noire.

De nombreux livres et articles ont essayé d'analyser tout cela[20]. J'ai dit dans le préambule de cet ouvrage que j'écrirai parfois la marque du féminin entre parenthèses : *mathématicien(ne)s*, simplement pour ne pas oublier. Bien des discussions ont lieu en ce moment sur le sujet. La Société mathématique de France appelle sa revue la *Gazette des mathématiciens* sans que cela pose problème jusqu'ici.

Médailles Fields

Les médailles Fields ont été décernées pour la première fois en 1936 et régulièrement depuis 1950 à l'occasion des congrès internationaux des mathématiciens[21]. Leur nom est attaché à celui du mathématicien canadien John

Fields (1863-1932) qui en a eu l'idée. Elles couronnent des travaux exceptionnels de chercheurs(ses) de 40 ans au plus, sur le plan des idées nouvelles ou des prouesses techniques. Les lauréats des écoles française et belge sont nombreux, signe de la grande qualité de la recherche mathématique dans nos contrées : Laurent Schwartz (voir p. 216) en 1950, Jean-Pierre Serre en 1954, René Thom (1923-2002) en 1958, Alexander Grothendieck (voir p. 217) en 1966, Pierre Deligne en 1978, Alain Connes (voir p. 232) en 1983, Jean Bourgain (né en 1954), Pierre-Louis Lions (né en 1956) et Jean-Christophe Yoccoz (voir p. 236) en 1994, Laurent Lafforgue en 2002, Wendelin Werner (voir p. 238) en 2006, Ngo Bao Chau (franco-vietnamien) et Cédric Villani (voir p. 239) en 2010, Artur Avila (franco-brésilien, né en 1979) en 2014, Hugo Duminil-Copin (né en 1985) en 2022 (voir p. 251). Seuls les États-Unis font (un peu) mieux. La France est donc seconde en mathématiques !

En 2018, l'un des quatre médaillés est Caucher Birkar, d'origine kurde et dont l'enfance a été particulièrement difficile (fils de paysans pauvres pendant la guerre de son pays avec l'Irak). Il est réfugié en Angleterre et professeur à Cambridge.

Les autorités soviétiques ont empêché Vladimir Arnold d'obtenir la médaille Fields en 1974 ; elles n'ont pu empêcher Gregori Margoulis (né en 1946) de l'obtenir en 1978, mais lui ont refusé un passeport pour aller la recevoir. En 2006, Grigori Perelman (né en 1966) a refusé à la fois la médaille Fields et la récompense de la fondation Clay ; ses résultats mathématiques seuls avaient de l'importance pour lui. Depuis, Perelman fuit totalement le contact avec le monde. Il vivrait toujours avec sa mère dans un petit appartement de Saint-Pétersbourg ; on ignore s'il continue à faire des mathématiques.

Prix Abel et autres prix prestigieux

Avec le soutien de l'Union mathématique internationale, la Norvège a créé le prix Abel pour les mathématiques, aussi prestigieux que les prix Nobel et décerné tous les ans (il devait être créé en 1902, pour le centenaire d'Abel). Les premiers lauréats sont les suivants : 2003 : Jean-Pierre Serre ; 2004 : Michael Atiyah (1929-2019) et Isadore Singer (1924-2021) ; 2005 : Peter Lax (né en 1926) ; 2006 : Lennart Carleson (né en 1928) ; 2007 : Srinivasa Varadhan (né en 1940) ; 2008 : Jacques Tits (1930-2021) et John Thomson ; 2009 : Misha Gromov ; 2010 : John Tate (1925-2019) ; 2011 : John Milnor (né en 1931) ; 2012 : Endre Szemeredi (né en 1940) ; 2013 : Pierre Deligne ; 2014 : Iakov Sinaï (né en 1935) ; 2015 : John Nash (1928-2015) et Louis Nirenberg (1925-2020) ; 2016 : Andrew Wiles ; 2017 : Yves Meyer (né en 1939) ; 2018 : Robert Langlands (né en 1936) ; 2019 : Karen Uhlenbeck (née en 1942), la seule femme de cette liste ; 2020 : Hillel Furstenberg (né en 1935) ; 2021 : Laszlo Lovasz (né en 1948) ; 2022 : Dennis Sullivan (né en 1941) ; 2023 : Luis Cafarelli (né en 1948). Les listes des lauréats pour les mathématiques de la fondation Wolf, depuis 1978, et du prix Shaw, depuis 2004[20], sont aussi impressionnantes. Parmi les premiers : Gelfand, Leray, Weil, Henri Cartan, Kolmogorov, Gromov, Serre, etc. ; parmi les seconds : Andrew Wiles, Robert Langlands, Vladimir Arnold, Jean Bourgain, Claire Voisin, etc.

Les problèmes de la fondation Clay

L'homme d'affaires Landon Clay (1926-2017) a prévu en 2000 de récompenser par un million de dollars ceux qui résoudraient l'une des sept conjectures suivantes, choisies par de grands mathématiciens actuels.

1) L'hypothèse de Riemann, que Hilbert avait déjà inclus dans la liste de ses 23 problèmes.
2) La conjecture de Poincaré, démontrée depuis (voir p. 183).
3) La conjecture $P = NP$ de la théorie de la complexité des algorithmes.
4) La conjecture de Hodge[23] en géométrie algébrique.
5) La conjecture de Birch-Swinnerton-Dyer[24] en théorie des nombres.
6) L'étude des équations de Navier-Stokes de la mécanique des fluides (voir p. 214).
7) L'étude des équations de Yang-Mills de la physique des particules, bases du modèle standard.

Le jeu des très grands

C'est un jeu assez vain, mais tout le monde peut s'y amuser. Voici 20 noms :
Archimède, Euler, Gauss, Abel, Riemann, Hilbert, Ramanujan, Von Neumann, Weyl, Kolmogorov, Thurston ; du côté français : Fermat, Pascal, Lagrange, Galois, Poincaré, Leray, Weil, Serre ; et Grothendieck. Pour des mathématiciens plus récents, les lauréats des grandes récompenses sont candidats à rejoindre cette liste. L'avenir décidera.

Épilogue

Que de sujets, que de mathématicien(ne)s absents de ce livre ! Actuellement, on peut estimer entre cent et deux cent mille le nombre de théorèmes démontrés chaque année, certains vraiment merveilleux, et à cent mille le nombre de mathématicien(ne)s (3500 en France), certain(e)s extraordinairement brillant(e)s ; mais il faudrait aussi compter tous ceux et toutes celles qui travaillent dans les entreprises sur des problèmes concrets. De nouveaux pays participent à la recherche mathématique. Le plus grand centre mathématique du monde serait la région parisienne. L'époque actuelle voit aussi, en France et ailleurs, des politiques (et des scientifiques, hélas), qui n'ont rien compris au rythme des inventions en mathématiques, qui croient qu'il n'y a plus rien à trouver d'intéressant en mathématiques, qui pensent que les mathématiques ne sont utiles que comme des outils que l'on peut élaborer avec une calculatrice au moment où on en a besoin et qui réduisent, détruisent, dévalorisent l'enseignement et la recherche en mathématiques. Vouloir fixer des objectifs à courte vue en termes de marché, de compétitivité, de rentabilité, financer des projets au coup par coup sont des absurdités ; les mathématicien(ne)s savent que plus ils(elles) seront nombreux(ses), plus on leur permettra de travailler tranquillement de longues périodes sur les sujets qu'ils-elles jugent intéressants, plus leur science avancera. Vouloir les orienter uniquement vers des problèmes très appliqués, dont la résolution rapporte des sous à coup sûr, est stupide ; c'est fortement diminuer la chance de trouver des résultats importants et de portée un peu générale (et de gagner aussi des sous !) ; c'est stériliser la recherche et prendre du retard sur les autres pays. Et puis, par rapport aux autres disciplines scientifiques, la recherche mathématique ne coûte vraiment pas cher ! Certains politiques cherchent peut-être d'abord à briser une communauté scientifique structurée.

Les mathématicien(ne)s travaillent-ils pour le *bien* de l'humanité ? La réponse est positive si nous pensons au rôle essentiel des mathématiques dans la construction de la connaissance sous toutes ses formes, dans toutes les activités de notre société, dans la recherche fondamentale comme dans la recherche appliquée, dans toutes les activités de modélisation (j'en ai évoqué un certain nombre au fil de ces pages). Mais ce n'est pas si simple et, par exemple, les fabricants de matériel de guerre tirent partie de nouvelles idées aussi bien que les autres ; ils sont même parmi les principaux employeurs de mathématicien(ne)s.

La plupart des mathématiciens et mathématiciennes éprouvent du plaisir à leur travail, parfois total quand ils aboutissent à un beau résultat. La beauté est essentielle en mathématique ; elle est souvent un guide sûr et c'est une récompense sans prix. La beauté est une notion difficile à définir. On peut lui trouver des points communs avec les autres disciplines artistiques. On tombe souvent d'accord entre mathématiciens sur la beauté d'une démarche ou d'un résultat. Des liens auxquels on ne s'attendait pas sont créés, inattendus, profonds, éclairants, élégants. Pour comprendre les équations algébriques, Galois invente la notion de groupe et construit la correspondance entre cette nouvelle structure et le domaine dont il est parti. On ne peut qu'admirer ; et on admire encore plus quand on voit que cette idée de correspondance entre domaines *a priori* éloignés fonctionne depuis Galois dans d'autres situations.

La beauté se rencontre quand, de façon inattendue et éclairante, une nouvelle théorie est créée, de nouveaux résultats sont montrés, de nouveaux liens entre des domaines éloignés sont tissés, quand une astuce de calcul remplace une ou plusieurs pages d'écriture. On peut penser aux *Recherches arithmétiques* de Gauss, à la création des fonctions elliptiques, aux résultats de Gauss sur la géométrie, de Riemann sur les surfaces, de Poincaré sur la mécanique céleste ou la topologie algébrique, la mise en forme de la mécanique quantique par Von Neumann, la création des catégories, les immenses travaux de Grothendieck ; ce sont juste quelques exemples. On peut aussi penser à Plimpton 322, si mystérieuse dans son époque. De nouveaux travaux forcent sans cesse l'admiration, ceux obtenus par les médailles Fields, par exemple. Et même si ce sont des domaines différents, le sentiment de beauté et de grande nouveauté vous éblouit comme dans une sonate ou un quatuor de Beethoven, les plafonds de la chapelle Sixtine, les Ménines, un passage de *La Recherche du temps perdu* ou des *Illuminations*. Ni plus, ni moins ; c'est juste différent.

La passion entraîne certains à travailler (mais est-ce vraiment un travail ?) longtemps chaque semaine (plus de 50 à 60 heures). La réflexion se poursuit à toute heure du jour et de la nuit. Certains font des mathématiques dites *pures*, d'autres des mathématiques dites *appliquées*. On trouve parfois de très beaux théorèmes qui vont marquer l'histoire, mais plus souvent des résultats sur un problème plus ou moins important (qui méritent d'être publiés) qui font avancer les idées sur un sujet et laissent leur trace.

Les rencontres sont aussi importantes : celles de tous les jours dans les couloirs d'une faculté, au moment d'un café, devant un tableau noir les doigts plein de craie ; celles par internet avec des gens qui travaillent à l'autre bout du monde ; celles lors d'un séminaire ou un congrès. Des idées importantes peuvent naître d'un échange décisif de quelques minutes au moment d'une rencontre.

Et puis il y a un temps plus long, où on est seul(e), où on lit, où on consulte des documents, où on réfléchit, où on prépare des exposés, où on enseigne, et il y a même un temps où on ne trouve rien, où parfois on n'a plus d'idées et on broie du noir.

L'efficacité des mathématiques

Les mathématiques sont de plus en plus utiles dans des parties de la science où on ne les attendait pas. Les concepts qu'elles élaborent, les techniques qu'elles mettent en œuvre, les résultats qu'elles obtiennent sont prêts, souvent longtemps à l'avance, pour être appliqués dans des domaines nouveaux. Jean-Pierre Serre dit que le mathématicien dépose des résultats sur des étagères, les mettant à la disposition de chercheurs futurs. Ce sont des constatations de cet ordre qui ont conduit le physicien Eugene Wigner (1902-1995), prix Nobel en 1963, à écrire l'article devenu célèbre : *La déraisonnable efficacité des mathématiques dans les sciences naturelles*[1]. Le mathématicien Jean-Pierre Kahane (1926-2017) a heureusement déplacé le débat : *Cette efficacité n'est pas si déraisonnable : c'est justement l'efficacité de la raison humaine dans l'exploration du réel*[2].

Pour aller plus loin

Sur la vulgarisation des mathématiques

Ce n'est pas une chose simple de parler de mathématiques au grand public. Elles font cependant partie de la culture autant que les œuvres littéraires, les ouvrages de sciences humaines, les productions artistiques… Mais leur difficulté technique et des préjugés anciens ont longtemps dissuadé de chercher à les vulgariser ; il est plus facile de parler de certaines parties des mathématiques que d'autres ; dans les musées scientifiques, dans la plupart des livres d'histoire des mathématiques, les mathématiques récentes ne sont quasiment jamais présentes ; ce n'est pas le point de vue que j'ai adopté.

Henri Poincaré aimait donner des conférences ; elles ont été regroupées avec d'autres textes au style très vivant dans des volumes toujours d'actualité : *La science et l'hypothèse* (1902), *La valeur de la science* (1905), *Science et méthode* (1908), *Dernières pensées* (1913). Les trois premiers viennent d'être réédités[1]. Poincaré y écrit : *La recherche de la vérité doit être le but de notre activité ; c'est la seule fin qui soit digne d'elle.* Il aborde de nombreux sujets des mathématiques de son époque, en donnant une grande impression de clarté (ce qui n'est pas toujours le cas de ses textes mathématiques !).

Jusqu'à ces dernières années, la vulgarisation des mathématiques n'était pas très visible et la présence des mathématiques dans les encyclopédies et histoires des sciences souvent faible ; la situation s'est récemment améliorée. Donnons quelques exemples. Les journaux français publient des articles sur les médailles Fields, du moins quand elles sont françaises (mais le prix Abel, quoique aussi prestigieux que le prix Nobel, est le plus souvent ignoré). *Le Point* a publié un numéro spécial sur les mathématiques début 2017. Il arrive au *Monde* ou à *Libération* de publier des articles sur les mathématiques, par exemple d'Étienne Ghys (né en 1954). *Le Monde* a également publié une collection de 40 volumes vulgarisant différentes parties des mathématiques : *Le monde est Mathématique*, traduite de l'espagnol et présentée par Cédric Villani (voir p. 239). Ce dernier ne ménage pas ses efforts pour parler de mathématiques et ses conférences attirent un public enthousiaste.

Depuis quelques années, les manuels de mathématiques pour les élèves du secondaire contiennent des notes historiques présentées sous différentes formes. C'est un effort pour donner aux élèves, dans un espace très restreint, des éléments de réflexion sur la matière qu'on leur enseigne, leur faire apercevoir son histoire, qu'ils puissent comprendre comment et par qui les notions et les résultats sont apparus, certains récents, d'autres plus anciens, de quelle manière ils ont évolué jusqu'à nous[2], etc.

Aujourd'hui, l'accès aux connaissances a été bouleversé par le développement d'Internet, une sorte de réseau de réseaux. Il suffit de taper quelques mots bien choisis et des dizaines de sites vous sont proposés pour accéder à des informations sur le sujet qui vous intéresse.

Les sites [**INT-ENS**] et [**INT-CNRS**] sont d'une très grande richesse, proposant des sujets variés dans les mathématiques et dans leur histoire ; le premier est particulièrement destiné aux enseignants du secondaire. De nouvelles pages sont mises sur le réseau régulièrement ; pour le site du CNRS, elles sont classées par niveaux (pistes verte, bleue, rouge, noire et hors piste). Les revues *Pour la science* et *La Recherche* accordent une bonne place aux articles sur les mathématiques, ainsi que certains numéros de la série *Les génies de la Science.* Des conférences, plus ou moins grand public, de très grande qualité (de Pierre Cartier, né en 1932, d'Étienne Ghys, de Cédric Villani, etc.) se trouvent maintenant enregistrées sur le réseau.

On trouve aussi des textes sur les mathématiques d'aujourd'hui dans la *Gazette des mathématiciens.* Ils décrivent l'état actuel d'une question mathématique, ils sont très bien écrits, mais d'un niveau élevé ! On peut également regarder les cours du Collège de France, un lieu de culture extraordinaire, mais là, il faut être vraiment d'un très bon niveau et déjà bien connaître les bases des sujets exposés.

Dans la dernière édition, j'espérais qu'un musée de mathématiques voit le jour en France comme en ont été créés à Rome (1999), à Giessen (2002), à New York (2012) et près de Mons (2014). Nous pouvons cependant avoir accès au monde mathématique, à sa beauté, à sa richesse, au Palais de la découverte, avec le travail de Pierre Audin (1957-2023, l'un des fondateurs de l'association *MATh.en JEANS*, voir [M-J]) et de ses collègues qui initiaient des ateliers de recherche mathématique de l'école primaire à l'université. Quand Cédric Villani, un ami de Pierre Audin, prend la direction de l'Institut Henri Poincaré (voir p. 241), il met sur les rails la réalisation d'un musée. Sylvie Benzoni, qui a pris son relais à la direction de l'Institut, mène le projet à son terme. La Maison Poincaré a ouvert le 30 septembre 2023. Elle est à la limite du quartier latin, pas loin du musée Curie et de l'école normale supérieure de la rue d'Ulm. Elle présente, sur 900 mètres carrés, de nombreux documents sur les mathématiques ! Le musée rencontre un franc succès depuis son ouverture (voir [INT-Poi]).

La bibliographie est un peu longue, mais j'ai voulu indiquer un certain nombre de livres sur les différent(e)s mathématicien(ne)s dont j'ai parlé, en particulier pour ceux et celles qui enseignent dans le secondaire.

Parmi les histoires des mathématiques anciennes, une mention spéciale doit être réservée à l'histoire monumentale (près de 3 000 pages) de Jean-Étienne Montucla (1725-1799) (voir **MON**]) ; la lecture de ce travail pionnier et très documenté, au style entraînant, est passionnante.

The Princeton Companion to Mathematics (voir [**GOW**]) est un livre exceptionnel (très lourd, en anglais, paru en 2008) de plus de mille pages de deux colonnes. Il est édité par Timothy Gowers, médaille Fields 1998. Il donne une présentation solide (niveau quatrième année de faculté souvent) des différents domaines des mathématiques actuelles, avec des considérations historiques et des motivations introuvables ailleurs ; il présente aussi les biographies de 96 mathématiciens (les deux seules femmes sont Emmy Noether et Sophie Kovalevski).

Le site (en anglais) de l'université de St Andrews en Écosse (voir [**INT-St**]) est fabuleux ; on peut y trouver des biographies détaillées de plus de 3 000 mathématicien(ne)s de tous les temps. Le site Theuth lancé par Alain Herreman (voir [**INT-Th**]) rassemble toutes les informations sur la recherche en histoire des sciences, particulièrement en histoire des mathématiques, qui se fait, surtout en France.

Depuis le développement d'Internet, la difficulté de consulter un livre rare est bien moindre. Alors qu'il fallait attendre des semaines l'occasion d'un déplacement à Paris pour aller à la Bibliothèque nationale, la possibilité nous est maintenant très fréquemment offerte de le lire sur le site de la BNF (voir [**INT-Ga**]) ou de quelques autres grandes institutions à la minute même où nous le souhaitons. Et puis, les bibliothèques municipales possèdent nombre de trésors anciens (j'ai recensé ceux des bibliothèques de Bretagne sur le site de l'IREM de Rennes). Si cela vous donne envie de lire le texte original de tous ces grands auteurs, c'est maintenant souvent très facile, profitez-en.

Références bibliographiques

Les sites Internet sont donnés sous réserve de changements d'adresses ou de suppression. Bonnes lectures !

[ACT-xx] Actes du xx-colloque Inter-IREM ($1 \leq xx \leq 24$), chaque volume est publié par un IREM.

[ALB] Alberti Leon Battista, *De la peinture*, Macula : Dédale, 1992.

[ARA] Arasse Daniel, *L'Annonciation italienne. Une histoire en perspective*, Hazan, 1999.

[AUD] Audin Michèle, *Souvenirs sur Sofia Kovalevskaya*, Calvage & Mounet, 2008.

[BARB] Barbin Évelyne, *François Viète : Un mathématicien français à la Renaissance*, Vuibert, 2006.

[BARN] Barner Klaus, How old did Fermat become ?, *International Journal for History and Ethics of Natural Sciences*, octobre 2001.

[BAU-EST] Baudelot Christian, Establet Roger, *Allez les filles, une révolution silencieuse*, Seuil, 1992.

[BEA] Beaulieu Armand, *Mersenne le grand minime*, Bruxelles, Fondation Nicolas-Claude Fabri de Peiresc, 1995.

[BER] Berger Marcel, *Cinq siècles de mathématiques en France*, Ministère des Affaires étrangères, 2005.

[BHA] Bhattacharya Ananyo, *John von Neumann, L'homme qui venait du futur*, Quanto, 2023.

[CDHV] Cartier Pierre, Dhombres Jean, Heinzmann Gerhard, Villani Cédric, *Conversation sur les mathématiques*, Flammarion, 2019.

[COL-SER] Colmez Pierre, Serre Jean-Pierre, *Correspondance Grothendieck-Serre*, SMF, 2001.

[CON] Condorcet Nicolas, *Tableau historique des progrès de l'esprit humain (1772-1794)*, édité par Jean-Pierre Schandeler et Pierre Crépel, INED, 2004.

[COR-GAU] Cortier Véronique, Gaudry Pierrick, *Le vote électronique, Les défis du secret et de la transparence*, Odile Jacob, 2022.

[DAH] Dahan-Dalmedico Amy, *Jacques-Louis Lions un mathématicien d'exception*, La Découverte, 2005.

[DEH-Bos] Dehaene Stanislas, *La Bosse des maths*, Odile Jacob, 2010.

[DEH-Cod] Dehaene Stanislas, *Le Code de la conscience*, Odile Jacob, 2014.

[DER] Derbyshire John, *Dans la jungle des nombres premiers*, Dunod, 2007.

[DES] Descartes René, *Œuvres complètes*, XI volumes, J. Vrin, 1996.

[DHO-DHO-C] Dhombres Jean et Nicole, *Lazare Carnot*, Fayard, 1996.

[DHO-DHO-N] Dhombres Jean et Nicole, *Naissance d'un nouveau pouvoir : sciences et savants en France*, 1793-1824, Payot, 1989.

[DHO-E] Dhombres Jean, *L'École normale de l'an III, Leçons de mathématiques*, Dunod, 1992.

[DHO-ROB] Dhombres Jean, Robert Jean-Bernard, *Fourier créateur de la physique-mathématique*, Belin, 1998.

[DHO-SAK] Dhombres Jean, Sakarovitch Joël, *Desargues et son temps*, Blanchard, 1994.

[DIO] Diophante, *Les arithmétiques*, livres IV à VII, traduction de l'arabe de Roshdi Rashed, Les Belles Lettres, 1984.

[DJE] Djebbar Ahmed, *Histoire de la science arabe*, Seuil, 2001.

[DÜR] Dürer Albrecht, *Géométrie*, traduction de *Underweysung der Messung*, 1525, par Jeanne Peiffer, Seuil, 1995.

[ENC] *Encyclopædia universalis*, cinq éditions : 1968, etc. ; sur internet : http://www.universalis.fr/.

[ESC-Alg] Escofier Jean-Pierre, *Toute l'algèbre de la Licence*, Dunod, 2023.

[ESC-An] Escofier Jean-Pierre, *Toute l'analyse de la Licence*, Dunod, 2023.

[ESC-Gal]) Escofier Jean-Pierre, *Théorie de Galois*, Dunod, 2000.

[EUC] Euclide d'Alexandrie, Les *Éléments*, 4 vol., 1990-2002, PUF.

[FMPH-xx] IREM de Rennes, *Faire des mathématiques à partir de leur histoire*, IREM de Rennes, $I \leqslant xx \leqslant VI$, 1990-2004 (voir la partie histoire du site http://www.irem.univ-rennes1.fr/).

[FRE] Frenkel Edward, *Amour et maths*, Flammarion, 2015.

[GAL-Dis] Galileo Galilei, *Discours et démonstrations mathématiques concernant deux sciences nouvelles*, traduction de Maurice Clavelin, Armand Colin, 1970.

[GAL-Sag] Galileo Galilei, *L'Essayeur*, Paris : Les Belles Lettres, 1979.

[GAU] Gauja Pierre, *L'Académie des sciences de l'Institut de France*, Gauthier-Villars, 1934.

[GHY1] Ghys Étienne, *La petite histoire des flocons de neige*, Odile Jacob, 2021.

[GHY2] Ghys Étienne, *La théorie du chaos*, CNRS, 2023.

[GOW] Gowers Timothy (éditeur) *The Princeton Companion to Mathematics*, Princeton University Press, 2008.

[GRÉ] Grégoire Michèle, Histoires de pyramides, *Mnémosyne*, Numéro spécial 1, IREM de Paris VII, 1993.

[GRO-Lec] *Lectures grothendieckiennes*, 2021, Spartacus, SMF.

[GRO-Réc] Grothendieck Alexandre, *Récoltes et semailles*, Gallimard, 2021 ; édition augmentée : 2022.

[HAR] Hardy Godfrey, *L'apologie d'un mathématicien*, Belin, 1985.

[HAW1] Hawking Stephen, *Sur les épaules des géants*, Dunod, 2003.

[HAW2] Hawking Stephen, *Et Dieu créa les nombres*, Dunod, 2006.

[HOD] Hodge Andrew, *Alan Turing ou l'énigme de l'intelligence*, Payot, 2004.

[HOU] Houzel Christian, *Analyse 1er cycle*, Belin, 1993.

[INT-Bal] Site sur le palimseste d'Archimède : http://www.archimedespalimpsest.org/, The Walters Art Museum, Baltimore

[INT-CNRS] Site du CNRS : http://images.math.cnrs.fr/.

[INT-ENC] Site de l'Encyclopédie, ou Dictionnaire raisonné des sciences, des arts et des métiers (1751-1772) : http://enccre.academie-sciences.fr/.

[INT-ENS] Site pour les enseignants du secondaire : http://culturemath.ens.fr/.

[INT-Fe] Association Femmes et mathématiques : http://www.femmes-et-maths.fr/.

[INT-Ga] Bibliothèque nationale de France : http://gallica.bnf.fr/.

[INT-Gro] Site sur Alexander Grothendieck : http://www.grothendieckcircle.org/.

[INT-Hod] Hodge Andrew, site sur Alan Turing : http://www.turing.org.uk/.

[INT-Irem] Site Histoire des IREM : https://www.univ-irem.fr/-cii-epistemologie-et-histoire-12-

[INT-Li] Pour localiser des textes anciens : http://math-doc.ujf-grenoble.fr/LiNuM/.

[INT-Poi] Site de l'Institut Henri Poincaré : https://www.ihp.fr/fr/musee-maison-poincare

[INT-St] : Biographies : http://www-history.mcs.st-and.ac.uk/history/.

[INT-Th] Recherche en histoire des sciences : http://theuth.univ-rennes1.fr/

[INT-TOU] Travaux de Dominique Tournès, sur son site.

[JOR] Jordan Camille, *Traité des substitutions et des équations algébriques*, 1870.

[KAH] Kahn David, *La Guerre des codes secrets*, InterÉditions, 1980.

[KEL1] Keller Olivier, *Aux origines de la géométrie*, Vuibert, 2004.

[KEL2] Keller Olivier, *Une archéologie de la géométrie*, Vuibert, 2006.

[KHA] Khayyam Omar al, *Al Khayyam mathématicien*, traduction et présentation de Roshdi Rashed et Bijan Vahabzadeh, Blanchard, 1999.

[KHW] Al Khwarizmi : *Le calcul indien*, trad. par André Allard, Blanchard, 1992.

[LAS] Lastours Sophie de, *La France gagne la guerre des codes secrets*, Tallandier, 1998.

[LIO] Lions Pierre-Louis, *Dans la tête d'un mathématicien*, Humensciences, 2020.

[MAN] Manin Youri, *Les mathématiques comme métaphore*, Les Belles Lettres, 2021.

[MAR] Martzloff Jean-Claude, *Histoire des mathématiques chinoises*, Masson, 1987.

[M-J] MATh.en.JEANS, https://www.mathenjeans.fr

[MAZ-SHA] Maz'ya Vladimir, Shaposhnikova Tatyana, *Jacques Hadamard, un mathématicien universel*, EDP Sciences, 2005.

[MEN-VER] Menger Pierre-Michel, Verschueren Pierre, *Le monde des mathématiques*, Seuil, 2023.

[MON] Montucla Jean-Étienne, *Histoire des mathématiques*, Blanchard, 1968 et site de la BNF.

[NAS] Nasar Sylvia, *Un çerveau d'exception, De la schizophrénie au prix Nobel, la vie singulière de John Forbes Nash*, Calmann-Lévi, 2001.

[NEU-SAC] Neugebauer Otto, Sachs Abraham, *Mathematical cuneiform texts*, American oriental series 29, American Oriental Society, American School of Oriental Research, 1945).

[OVA-VER-Alg] Ovaërt Jean-Louis, Verley Jean-Luc, *Algèbre 1*, coll. Léonard Épistémon, Cédic-Nathan, 1981.

[OVA-VER-An] Ovaërt Jean-Louis, Verley Jean-Luc, *Analyse 1*, coll. Léonard Épistémon, Cédic-Nathan, 1983.

[PAI] Pairault François, *Gaspard Monge, le fondateur de polytechnique*, Tallandier, 2000.

[PAN] Panza Marco, *Newton et les origines de l'analyse : 1664-1666*, Blanchard, 2005.

[PIE] Piero della Francesca, *De la perspective en peinture*, réédition par Jean-Pierre Le Goff, In Medias Res, 1998.

[PLA] Plane Henry, IREM de Dijon, 1995.

[PLS] *Les grands problèmes mathématiques*, Dossier, « Pour la science » n° 74, janvier-mars 2012.

[POI] Poincaré Henri, *La science selon Henri Poincaré*, Dunod, 2013.

[QUI] Quinton Pascal, Activités mathématiques à propos de la mesure de la Terre, *Actes du 13-ième colloque Inter-IREM*, IREM de Rennes, p. 451-470.

[RAS] Rashed Roshdi, *Histoire des sciences arabes*, vol. 1 : *Astronomie théorique et appliquée*, vol. 2 : *Mathématiques et physique*, vol. 3 : *Technologie, alchimie et sciences de la vie*, Seuil, 1997.

[REI] Reid Constance, *Hilbert*, Springer-Verlag, 1970.

[RIT] Rittaud Benoît : *Le fabuleux destin de* $\sqrt{2}$, Le Pommier, 2006.

[ROC-JAV] Rochas Michel, Javelle Jean-Pierre, *La météorologie*, Syros, 1993.

[ROU-Abo] Roubaud Jacques, *L'abominable tisonnier de John Mac Taggart Ellis Mc Taggart*, Seuil, 1997.

[ROU-Mat] Roubaud Jacques, *Mathématiques*, Seuil, 1997.

[SCHÄ] Schärlig Alain, *Du zéro à la virgule : les chiffres arabes à la conquête de l'Europe, 1143-1585*, Presses polytechniques et universitaires romandes, 2010.

[SCHW] Schwartz Laurent, *Un mathématicien aux prises avec le siècle*, Odile Jacob, 1997.

[STU] Stubhaug Arild, *Niels Henrik Abel et son époque*, Springer, 2004.

[TAT] Taton René, *L'Œuvre mathématique de G. Desargues*, PUF, 1951.

[VID-HF] Vidal Catherine : *Hommes et femmes, avons-nous le même cerveau ?*, éditions du Pommier, 2007.

[VID-Fi] Vidal Catherine : *Les filles ont-elles un cerveau fait pour les MATHS ?* , éditions du Pommier, 2012.

[WEI-Num] Weil André, *Number theory : an approach through history from Hammurapi to Legendre*, Birkhäuser, 1984.

[WEI-Sou] Weil André, *Souvenirs d'apprentissage*, Birkhäuser, 1991.

[WEI-Che] Weil Sylvie, *Chez les Weil*, Buchet-Chastel, 2009.

Notes

Préambule

[1]J'écris parfois les mots avec leur marque du féminin entre parenthèses, pour ne pas oublier.

[2]Voir [**OVA-VER-Alg**], [**OVA-VER-An**].

Chapitre 1

[1]Pour se représenter les dates, penser que 1 000 ans correspondent à la période qui nous sépare du temps d'Héloïse et d'Abélard !

[2]Voir [**KEL1**], [**KEL2**].

[3]Les premiers éclats connus à ce jour ont été découverts par l'équipe de Sonia Harmand du CNRS sur les bords du lac Turkana (lac Rodolphe) en juillet 2012. Ils datent de 3,3 millions d'années, du temps de Lucy, et sont antérieurs au genre *Homo*.

[4]Pour compter des objets en base 5, on forme des paquets de 5, des paquets de 5 paquets de 5 objets, etc., comme, quand nous comptons en base 10, nous formons des paquets de 10, de $10 \times 10 = 100$, de $10 \times 10 \times 10 = 1\ 000$, etc., objets.

[5]Voir [**DEH-Bos**] et [**DEH-Cod**].

[6]Voir [**FMPH-VI**].

[7]Nous retrouverons à plusieurs reprises cette notation avec exposant : k est un entier et a^k, qui se lit a puissance k, signifie a multiplié k fois par lui-même : a^2 est le carré de a, a^3 son cube ; on a $60^1 = 60$, $60^2 = 60 \times 60 = 3\,600$, $60^3 = 60 \times 60 \times 60 = 216\,000$, $60^{-1} = 1/60$, $60^{-2} = 1/3\,600$, etc.

[8]Si vous voulez tout savoir sur $\sqrt{2}$, voir [**RIT**].

[9]Pour des études détaillées de la tablette, voir [**NEU-SAC**], [**FMPH-VI**].

[10]La dernière est présentée dans un grand article du *Monde* du 30/8/2017.

Chapitre 2

[1]Voir [**PLA**].

[2]*De l'origine et des limites de la correspondance entre l'algèbre et la géométrie,* page 173. Il faut noter que Cournot énonce le théorème sous la forme suivante : deux triangles qui ont leurs trois angles égaux ont des côtés a, b, c et a', b', c' proportionnels : $a/a' = b/b' = c/c'$.

[3]Les notes historiques de nos manuels de collège donnent souvent l'histoire du théorème de Thalès ; elles devraient être complètement réécrites !

[4]Les règles de déduction commandent l'usage des termes de la logique : *et*, *ou*, *implique*, *non*, *pour tout* et *il existe*. Par exemple, le principe du tiers exclus impose que si *nonA* est faux, alors A est vrai.

[5]On doit à Johan Heiberg (1854-1928), dans les années 1880, une édition critique des *Éléments*, s'appuyant sur de nombreux manuscrits dont le codex 190. Elle a été traduite en français par Bernard Vitrac (voir [**EUC**]) qui l'a considérablement enrichie de notes, commentaires et notices, avec une belle introduction de Maurice Caveing (né en 1923). C'est à cette traduction que nous renvoyons les lectrices et lecteurs désirant mieux connaître le texte des *Éléments*.

[6]On l'énonce aujourd'hui sous la forme équivalente : *par un point extérieur à une droite, on ne peut mener qu'une parallèle à cette droite.*

[7]On peut supposer qu'elle remonte à Eudoxe. Elle a lointainement inspiré à Richard Dedekind sa construction des réels par les coupures, voir p. 173.

[8] Voir [**GRÉ**].

[9] Pour cette mesure, voir [**QUI**].

[10] On possède un seul récit de ce *streaking* scientifique, par l'architecte Vitruve (vers −90 à −20).

[11] Voir [**INT-Bal**].

[12] Les livres V, VI et VII n'ont été connus qu'en 1658, par une source arabe ; le livre VIII est perdu.

[13] Voir [**DIO**].

[14] Les nombres rationnels (*ratio* signifie rapport) sont les quotients de deux nombres entiers, le second étant non nul.

Chapitre 3

[1] La dynastie des Abbassides remplace celle des Omeyyades après la bataille du Grand Zab en 750.

[2] Voir [**DJE**] et [**RAS**].

[3] Voir [**KHW**] et [**SCHÄ**].

[4] Voir [**KHA**].

[5] Le livre de référence sur les mathématiques chinoises est celui de Jean-Claude Martzloff, voir [**MAR**].

[6] Magnifique édition critique bilingue par Karine Chemla et Guo Shuchun, Dunod, 2004.

[7] Voir [**ESC-Alg**], chapitre 19.

[8] On connaît aujourd'hui Léonard de Pise sous le nom de Fibonnacci, contraction de *fils de Bonaccio*, le père de Léonard.

[9] Gerbert d'Aurillac (avant 950-1003) les avait déjà utilisés, mais il n'avait pas été suivi. Gerbert était l'une des rares personnes du monde occidental à faire des mathématiques et de l'astronomie en l'an 1000.

[10] C'est-à-dire $1 + 22/60 + 7/60^2 + 42/60^3 + 33/60^4 + 4/60^5 + 40/60^6$.

Chapitre 4

[1] Voir [**ALB**].

[2] Voir [**ARA**].

[3] Voir [**PIE**].

[4] Voir [**DÜR**].

[5] Pour des détails sur cette histoire, voir [**ESC-Gal**], chapitre II.

[6]Ce sont les formules classiques : $\imath \times \imath = -1$, $\imath \times (-\imath) = 1$, $(-\imath) \times \imath = 1$, $(-\imath) \times (-\imath) = -1$.

[7]Sur Viète, on peut consulter [**BARB**] et [**INT-Gui**].

[8]Voir [**ESC-Gal**], exercice 2.5.

Chapitre 5

[1]Un argument de plus pour remettre en cause l'existence de la sphère des fixes et de l'Empyrée, où on faisait siéger Dieu.

[2]Voir [**GAL-Sag**].

[3]Voir [**GAL-Dis**].

[4]*Exposition du système du monde*, livre V, chapitre IV.

[5]Pour une description détaillée, voir [**FMPH-III**].

[6]Voir [**FMPH-III**].

[7]Voir [**BEA**].

[8]Voir [**TAT**] et [**DHO-SAK**].

[9]30 pages publiées en 1639 à 50 exemplaires, un seul connu aujourd'hui.

[10]Les initiales S.G.D.L. signifient Sieur Girard Desargues Lyonnais.

[11]Voir [**BARN**].

[12]Raymond Queneau (1903-1973) fait dire à Sally Mara : *À poêle, Descartes, à poêle.*

[13]Voir [**DES**] pour l'édition de ses œuvres complètes.

[14]Voir [**GAU**].

[15]Pour cette mesure, voir [**QUI**].

[16]Voir [**PAN**].

[17]Voir [**HAW1**].

Chapitre 6

[1]Les Œuvres complètes de d'Alembert sont en cours de publication.

[2]Le critère de convergence de séries de terme général u_n strictement positif : $\lim_{n\to\infty} \frac{u_{n+1}}{u_n} < 1$ porte à tort le nom de d'Alembert.

[3]Tout polynôme à coefficients réels ou complexes de degré n admet n racines complexes, en comptant les multiplicités.

[4]Une édition numérique critique de l'édition originale, dotée de tous les perfectionnements que permet internet, réalisée par le collectif ENCCRE, vient d'être mise en ligne en octobre 2017 (voir [INT-ENC]) ; un énorme travail, enivrant !

[5]Voir [**ESC-Gal**].

Chapitre 7

[1]Voir : *Essai sur l'application de l'analyse à la probabilité des décisions rendues à la pluralité des voix*, 1785.

[2]Voir [**PAI**].

[3]Voir p. 240.

[4]L'ouvrage de référence est [**DHO-DHO-N**].

[5]Voir [**DHO-E**].

[6]Voir [**CON**].

[7]Cette formule, qui remonte au moins à un livre de Brook Taylor de 1715, exprime à l'aide d'une somme infinie les valeurs d'une fonction sur un intervalle en fonction des valeurs de la fonction et de ses dérivées en un point de l'intervalle.

[8]Lazare Carnot (1753-1823), l'organisateur de la victoire, était aussi mathématicien et membre de l'Institut, voir [**DHO-DHO-C**] pour plus de détails.

[9]Il n'existe pas de vrai portrait de Legendre ; celui qui était donné partout s'est révélé être celui d'un homonyme.

[10]Voir [**DHO-ROB**].

Chapitre 8

[1]*Braunschweig* en allemand.

[2]Pour une biographie plus détaillée, voir le chapitre 17 de [**ESC-Alg**].

[3]Voir [**ESC-Gal**].

[4]Les nombres complexes dont la puissance dix-septième est 1 ; ce sont les $e^{2\imath k\pi/17}$ avec k entier, $0 \leqslant k \leqslant 16$.

[5]Méthode pour le calcul approché d'intégrales, méthode du pivot pour la résolution des systèmes linéaires.

[6]Cauchy montre alors la rigidité d'un système de barres rectilignes formant un polyèdre convexe à faces indéformables.

[7]Les infiniment petits ne devaient renaître, cette fois-ci avec un véritable statut mathématique, qu'avec Abraham Robinson (1918-1974) dans son *Analyse non standard* (1961).

[8]Voir [**STU**].

[9]En français : *Journal de mathématiques pures et appliquées.*

[10]Le manuscrit a été volé par Guillaume Libri ; certaines pages n'en ont été retrouvées qu'en 2000 dans une bibliothèque de Florence.

[11]Voir [**ESC-Gal**]. pour une biographie plus détaillée.

[12]Voir [**ESC-Gal**] pour l'exposé de la théorie mathématique.

[13]L'ambiguïté est déjà présente dans l'équation $x^2 - 2 = 0$ dont les deux racines, $\pm\sqrt{2}$, ne peuvent pas être distinguées algébriquement, mais seulement par une relation d'ordre.

[14]*Évariste Galois ou la nuit tragique*, opéra de Fabien Barcelo, livret de Bruno Alberro, création en 2021.

[15]Pour avoir une idée de l'influence des idées de Galois, on regardera sur internet les conférences données au colloque organisé à l'Institut Henri Poincaré en 2011 pour le bicentenaire de sa naissance.

[16]Ce résultat utilise des moyens puissants comme les invariants de Gromov-Witten, mis au point récemment par Mikhaïl Gromov (né en 1943) et Edward Witten (né en 1951), utiles aussi en théorie des cordes. Réussir à montrer de telles choses n'est pas anecdotique et montre la puissance des théories actuelles.

[17]À 373 kilomètres de là en bateau, il suffit de relire *Michel Strogoff*.

[18]Mon ami Pascal Quinton remarquait qu'en traçant, avec un logiciel de dessin géométrique, des droites parallèles dans un cercle modèle de géométrie non euclidienne, elles deviennent rapidement parallèles à l'œil quand on fait prendre de grandes valeurs au rayon du cercle.

[19]Il existe une traduction en français des œuvres de Riemann, réalisée en 1898 par Léonce Laugel (1859-1936).

[20]Voir [**DER**].

[21]Voir [**AUD**].

[22]*Das Wesen der Mathematik liegt in ihrer Freiheit.*

[23]On peut faire correspondre ses éléments avec ceux de l'ensemble ℕ des entiers naturels 0, 1, 2, 3, etc.

Chapitre 9

[1]Voir [**POI**].

[2]Curieusement, Edgar Allan Poe avait déjà décrit cette situation, mais pour une enquête policière (*Le mystère de Marie Roget*, 1842).

[3]Voir [**POI**].

[4]Voir la célèbre biographie de Constance Reid (1918-2010), la sœur de Julia Robinson, [**REI**] et [**ROU-Abo**], XXIV.

[5]Il obtient très jeune de beaux résultats en théorie des nombres, enseigne à Einstein à Zürich, crée, en 1908, le concept d'espace-temps, base des théories d'Einstein, meurt brutalement d'une péritonite, discutant le dernier jour de sa vie de l'article qu'il voulait publier.

[6]Lequel d'entre nous ne souhaiterait pas soulever le voile cachant le futur et jeter un œil pour connaître les développements de notre science dans le prochain siècle.

Chapitre 10

[1]Voir [**MAZ-SHA**].

[2]Voir [**HAR**].

[3]L'idée initiale de tirer parti de l'énergie au niveau nucléaire est née dans le cerveau de Léo Szilard (1898-1964), en 1933.

[4]Le livre **[BHA]** est une mine de renseignements sur la vie de Von Neumann et sur ses multiples travaux.

Chapitre 11

[1]Indication de Paul Pousset (promotion 1914).

[2]C'est l'époque où les séminaires se multiplient et prennent leur forme actuelle. Le séminaire est aussi le lieu des rencontres imprévues, d'échanges d'idées... parfois déterminants pour débloquer des situations et résoudre des problèmes.

[3]Voir le début de [**ROU-Mat**].

[4]Voir [**WEI-Sou**].

[5]Voir le livre de Sylvie Weil [**WEI-Che**].

[6]Goro Shimura (né en 1930), Yutaka Taniyama (1927-1958).

[7]Voir [**SCHW**].

[8]Schwartz a des difficultés avec la direction militaire de l'X quand il signe la manifeste des 121, mais il est défendu par les plus hautes autorités de l'État.

[9]Voir [**INT-GRO**] pour un site d'une richesse incroyable sur Alexander Grothendieck.

[10]Voir *Correspondance Grothendieck-Serre*, SMF, 2001.

[11]Le texte est sur [**INT-GRO**].

[12]Voir [**GRO Réc**].

[13]Voir [**DAH**].

[14]Notons à ce sujet qu'on recherche des algorithmes qui convergent le plus rapidement possible vers la solution cherchée, mais que, parfois, le nombre d'itérations pour y parvenir est suffisamment élevé pour que les erreurs d'arrondi cumulées deviennent prépondérantes dans le calcul et rendent l'algorithme inutilisable.

Chapitre 12

[1]Rappelons que la notion de variété généralise en dimension supérieure la notion de surface de l'espace ordinaire.

[2]Pour un exposé plus complet des résultats de Werner de cette époque, voir son article dans le numéro 286 de *Pour la Science* d'août 2001.

[3]Timothy Gowers a donné quelques règles de fonctionnement de ces plates-formes, comme : il vaut mieux avoir cinq idées stupides (pas intelligentes) que pas d'idées du tout ; il ne faut jamais traiter un raisonnement de collègue de stupide, ne jamais s'offenser si on traite un de vos raisonnements de stupide et finalement, ne jamais utiliser le mot “stupide” sauf, peut-être, pour soi-même.

[4]Pour un aperçu de niveau élevé des résultats mathématiques de Maryam Mirzakhani, je renvoie à cet article.

[5]Voir [**FRE**].

Chapitre 13

[1]Sur l'histoire de la cryptographie ancienne, les livres sont nombreux, voir, par exemple [**KAH**] et [**LAS**].

[2]Le grand spécialiste de Turing est Andrew Hodge ; voir son livre [**HOD**] ou le site [**INT-Hod**].

[3]On remarquera que cette méthode ne donne pas à coup sûr des nombres premiers, mais que, si un nombre passe plusieurs tests, il a de très bonnes chances d'être premier.

[4]Pour des renseignements sur les codes correcteurs et la cryptographie niveau licence de mathématiques, vous pouvez consulter mon livre [**ESC-Alg**].

[5]Décrit dans [COR-GAU].

[6]Les premiers satellites pour recueillir des données météorologiques sont lancés en 1959-1960, le lancement du premier est un échec, le second transmet des images inexploitables, puis les techniques s'améliorent.

[7]Sur l'histoire de la météorologie, voir [**ROC-JAV**].

[8]Pour ceux qui connaissent un peu d'algèbre linéaire, le groupe SU(n) est le groupe des matrices carrées M d'ordre n à coefficients complexes de déterminant 1 telles que la transposée de leur conjuguée, notée en général $M^\dagger$ par les physiciens, M^* par les mathématiciens (c'est la matrice dont les coefficients sont les conjugués des coefficients de la matrice transposée de M), vérifie $MM^* = Id$. Par exemple, les matrices de SU(2) sont les matrices $M = \left(\begin{smallmatrix} a & -b \\ \bar{b} & \bar{a} \end{smallmatrix}\right)$ avec $|a|^2 + |b|^2 = 1$.

[9]Rappelons que des erreurs sont souvent faites dans les traductions de l'américain au français : les trillions américains ne sont pas des trillions français, il ne s'agit que de billions, voir p. 66.

[10]Comme le montreront Einstein et Perrin, entre autres, le mouvement résulte des chocs des molécules d'eau contre les particules en suspension.

[11]Soulignons que c'était le tout début de l'utilisation des ordinateurs ; le moindre programme était à écrire sur des cartes perforées qui remplissaient des tiroirs entiers, se mélangeaient, se coinçaient partout (les épingles à cheveux permettaient de les récupérer...), les capacités de l'IBM 1620 étaient minimes, les pannes fréquentes.

[12]Par exemple, les gigantesques recueils d'informations (plus que le réseau internet chaque jour) prévus par le projet Square Kilometre Array (SKA), où 3 000 antennes observeront le ciel pour détecter, entre autres, des planètes distantes de plusieurs centaines de milliers d'années-lumière de la Terre.

[13]Voir [**FMPH-IV**].

[14]J'avais repris dans [ESC-Hist] une phrase de Yves Meyer dans le numéro 103 de *La Gazette des Mathématiciens* indiquant que Elf-Aquitaine n'avait pas compris les idées nouvelles proposées par Jean Morlet et l'avait mis à la retraite anticipée. Mais cela ne semble pas exact : l'entreprise a aidé Jean Morlet à développer ses idées avant et après son départ à la retraite à l'âge réglementaire de 60 ans ; merci à Paul Alba (ancien directeur informatique de Elf-Aquitaine) de m'avoir donné ces informations.

[15]Le nom a été choisi en mémoire de Ada Lovelace (1815-1852) qui a travaillé en collaboration avec Charles Babbage (1791-1871) à la conception de sa *Machine analytique* et a écrit, en 1843, ce qui est considéré comme le premier programme informatique, un calcul des nombres de Bernoulli.

[16]Knuth a publié successivement les volumes 1 (1968, 650 p.), 2 (1969, 630 p.), 3 (1973, 730 p.), 4A (2011, 900 p.), 4B (2023, 730 p.). D'autres volumes sont quasiment terminés.

[17]On aurait simplement à choisir un entier n suffisamment grand pour que, si la machine ne donne pas de résultat, cela n'aurait pas de sens de penser plus au problème.

[18]On voit aussi parfois des hommes expliquer à des femmes avec fatuité ce qu'il faut penser ou dire d'un sujet qu'elles connaissent mieux qu'eux (les Anglais parlent de *mansplaining*, on a proposé *mecsplication* en français). Des mathématiciennes ont raconté avoir vécu une telle situation après avoir donné une conférence, l'intervenant mâle pouvant d'ailleurs affirmer un certain nombre de bêtises, disent-elles aussi !

[19]Voir [**INT-Fe**].

[20]Voir [**BAU-EST**] et [**VID-HF**], [**VID-Fi**] où les dernières recherches de psychologie cognitive avec des IRM sont décrites.

[21]William Hodge (1903-1975).

[22]Ces prix sont des sortes d'équivalents des prix Nobel, le second est décerné à Hong Kong.

[23]Seule exception : le congrès de Varsovie à été repoussé à 1983, étant donné la crise politique en Pologne à cette époque et les difficultés que connaissaient les mathématiciens polonais avec le pouvoir communiste.

[24]Bryan Birch (né en 1931) et Peter Swinnerton-Dyer (né en 1927).

Épilogue

[1]« The unreasonnable effectiveness of mathematics in the natural sciences », *Communications in Pure Applied Mathematics*, vol. 13, n° 1, 1960.

[2]*Cahiers pédagogiques* 427, octobre 2004.

Pour aller plus loin

[1]Voir [**POI**].

[2]Cette nouvelle version de mon livre les conduira-t-elle à modifier leurs textes sur Pythagore, sur Thalès… ?

Index des noms propres

E

F

G

H

M

N

Table des matières

86703 - (I) - JOU 52 - LUM - NRI

Dépôt légal : avril 2024
Achevé d'impression par
CPI Brodard et Taupin, La Flèche (72)
N° d'impression : 3056350

Imprimé en France